캠핑카 사이언스

지층과 화석 편

캠핑카 사이언스

지층과 화석 편

장치은 글·조승연 그림·이정모 감수

북멘토

지구와 생명의 역사를 추적하는 탐험가와 탐정에게 자장 중요한 단서는 무엇일까요? 바로 지층과 화석입니다. 지구의 역사를 이해하는 데 없어서는 안 될 중요한 열쇠라고 할 수 있죠.

지층은 지구의 표면에서 시간이 흐르며 쌓인 암석의 층으로, 그 자체가 시간의 축적을 보여 줍니다. 우리가 흔히 볼 수 있는 지층 단면은 수만~수백만 년의 시간을 담고 있습니다. 지층은 지구의 물리적 변화, 예를 들어 화산 폭발이나 지진 활동을 알려 주고, 퇴적암에 남은 층리 패턴은 당시 물의 흐름과 풍향을 알려 줍니다.

화석은 오래된 생물의 흔적이나 유해가 암석 속에 보존된 것입니다. 화석으로 과거 생물의 형태, 행동, 환경을 엿볼 수 있습니다. 지층 속 화석은 특정 시대에 살았던 생물들의 기록을 남깁니다. 이를 통해 지구 생물의 진화 과정과 멸종의 원인을 분석할 수 있습니다. 예를 들어, 공룡 화석은 중생대에 존재했던 생물의 다양성을 알려 줍니다. 화석을 통해 과거의 기후와 환경 변화를 추적할 수도 있습니다.

결국, 지층과 화석은 우리가 지구와 생명에 대해 배울 수 있는 가장 값진 교과서입니다.

어휴! 지층과 화석에 너무 많은 단서가 들어 있어서 오히려 복잡하다고요? 걱정하지 말고 책을 펴세요. 여러분 스스로 한가람과 한가영이 되어 보세요. 이번 편에서는 우리 삼촌이 더욱 멋지게 나옵니다. 함께 구문소로 캠핑을 떠나요!

이정모 (펭귄각종과학관장, 전 국립과천과학관장)

옛날 옛적 아주 먼 옛날, 그러니까 지금으로부터 약 5억 년 전인 고생대 때 강원도는 따뜻하고 얕은 바다였어요. 높고 험준한 산이 많은 지금 강원도의 모습을 떠올리면 상상이 잘 가지 않지요?

경상도의 남쪽 끝에 있는 고성은 아름다운 푸른 바다를 품고 있는 곳이에요. 하지만 1억 4,500만 년 전 중생대 백악기의 고성은 바닷가가 아닌 호숫가였어요. 다양한 공룡들은 물론 새들도 찾아와 놀던 아름답고 한가로운 호숫가였을 거예요.

물론 당시는 지구상에 사람들이 살기 전이에요. 그래서 본 사람이 없는 것은 물론이고, 글이나 그림으로 남겨진 기록이 있을 리도 없죠. 그런데 어떻게 오래전 이 땅의 모습이 어떠했는지 어떤 생물이 살았는지 알 수 있느냐고요? 그건 바로 화석 덕분이에요. 화석은 지구와 고생물의 역사를 밝혀 주는 보물이거든요.

화석이란 무엇일까요? 또, 화석은 어떻게 만들어지는 것일까요? 화석에 대한 호기심과 궁금증을 가친 친구들이라면 가람이와 가영이와 함께 캠핑카를 타고 세 번째 캠핑을 떠나 보는 건 어떨까요? 얼떨결에 시간 여행을 하게 된 가람이 가영이와 함께하다 보면 화석의 이모저모를 저절로 알 수 있을 테니까요.

이번 캠핑카의 목적지는 강원도 태백 구문소 너머의 고생대랍니다. 어떤 환경인지 어떤 생물들이 살았는지 알 수 없어 두렵다고요? 걱정 말아요. 무한한 호기심과 담대한 마음만 준비한다면 이보다 더 신나는 모험은 없을 테니까요.

자! 준비되었나요? 그렇다면 화석 속에 숨겨진 까마득한 옛날이야기를 찾아 출발해 봅시다!

장치은

차례

등장인물

한가람

초등학교 6학년 남학생. 식성도 좋고 넉살도 좋다. 승부욕이 강하지만 동생 한가영에게 지는 일이 다반사. 언젠가 제대로 오빠 노릇을 하겠다는 다짐을 하루에도 몇 번씩 한다. 덜렁거리고 겁이 많지만 가끔 엉뚱한 생각으로 위기 탈출에 극적인 단서를 제공한다.

한가영

한가람의 한 살 아래 여동생. 엄마의 뚝부러지는 성격을 그대로 물려받음. 돌려 말하는 것을 싫어하고 생각하는 것을 바로 말하는 탓에 주위로부터 까칠하다는 평을 많이 듣는다. 초등학교 5학년이지만 아는 것도 많고 야무져서 세 남자(아빠, 오빠, 삼촌)의 허술함을 채워 주는 똘똘이.

아빠

육군 특전사 출신이라는 것을 최고의 자랑으로 여긴다. 지금은 평범한 회사원이지만 늘 자연의 품을 그리워한다. 주말 아침마다 〈나도 자연인 이다〉 TV 프로그램을 보는 게 취미. 몇 년간 모은 돈으로 아내 몰래 중고 캠핑카를 샀다.

엄마

캠핑보다는 호캉스를 선호하는 탓에 캠핑에 따라나서지 않는다. 온라인과 오프라인의 모든 정보를 동원해 가람이와 가영이가 캠핑가서도 공부할 수 있도록 〈살아 있는 과학 체험 보고서〉를 만든다. 웬만해선 실수하지 않지만 휴대폰이나 TV 드라마에 빠지면 빈틈이 생긴다.

삼촌

엄마의 하나뿐인 남동생. 한때 과학자가 되고 싶어 박사 과정 진학에 도전했으나 성적 부진으로 실패. 지금은 과학 유튜브 채널을 열어 과학 지식을 소개하고 있다. 현재는 구독자 일흔여덟 명이지만 기필코 실버 버튼을 받겠다며 어디든 카메라를 들이민다. 호기심도 많고 겁도 많다.

태양광

소파 겸 침대

싱크대

아빠의 로망 캠핑카

화장실

위성 안테나

나의 꿈은 OOOOO

"오빠! 왜 불러도 대답이 없어? 엄마가 딸기 먹으래!"

가영이가 갑자기 방문을 확 열고 들어왔다. 깜짝 놀라 나도 모르게 얼굴이 확 찡그려졌다.

"동생아! 내 방에 들어올 땐 노크하라고 몇 번을 말해! 매너가 사람을 만든다. 몰라?"

"우아! 진~짜 못생겼다!"

가영이는 잔뜩 구깃구깃해진 내 얼굴을 보며 킥킥거리며 웃어 댔다. 아마 세상에서 제일 얄미운 동생 선발 대회가 있다면 단연코 1등은 한가영일 테다.

"몇 번이나 불렀는데 대답 안 한 사람이 누구시더라? 근데 수상하

네. 왜 이렇게 당황해?"

가영이가 눈을 흘기며 내 책상 근처로 재빠르게 다가왔다. 나는 황급히 컴퓨터 모니터를 가렸지만 때는 이미 늦었다.

"초등학생 장래 희망 톱 10? 헐, 설마 오빠 장래 희망을 인터넷에 검색하는 거야?"

그렇다. 나는 내일까지 〈나의 꿈은 OOO〉을 주제로 그림 그리기 숙제를 해 가야 한다. 하지만 딱히 떠오르는 생각이 없었다. 결국 미루고 미루다 인터넷을 검색한 건데 가영이에게 딱 들키고 말았다.

"그런데 오빠 꿈은 요리사 아니었던가?"

한때 요리사가 되고 싶다는 생각을 한 적도 있었다. 하지만 나는 요리하는 것보다 먹는 데 더 재능이 있다는 것을 깨닫기까지 그리 오랜 시간이 걸리지 않았다.

"하긴 오빠가 만든 음식은 이 세상맛이 아니긴 해. 솔직히 라면이 맛없기는 쉽지 않거든. 그런데 오빠가 끓인 라면은 뭐랄까……."

가영이는 그간 내가 해 준 음식들이 떠올랐는지 고개를 절레절레 흔들고는 모니터 가까이 얼굴을 들이밀었다.

"어디 보자. 1위 운동선수. 오빠는 운동 신경 꽝이잖아. 나보다 달리기가 더 느리니 안 되겠고. 2위는 교사. 오빠 뭐든 설명 진~짜 못하잖아. 이것도 안타깝지만 패스."

어쩜 이렇게 얄미운 말만 골라 하는 걸까? 하지만 사실이라 딱히 반박할 수도 없었다.

"오빠는 하고 싶은 게 없어? 내가 미래에 어른이 되면 이런 걸 해 보고 싶다, 이런 모습이면 좋겠다, 뭐 이런 거 있을 거잖아."

가영이는 하나밖에 없는 오빠가 장래 희망을 인터넷에 검색해 보고 있는 모습이 답답했는지 진지한 표정으로 물었다.

"아무리 생각해도 잘하는 게 없는 것 같아. 하지만……."

"아 뭔데? 뭔데!"

가영이가 호들갑을 떨며 재촉하기 시작했다.

"지구의 역사?"

가영이는 의외의 대답을 들었다는 듯이 눈이 동그래졌다.

"나는 인류가 나타나기 전 지구의 모습이 엄청 궁금하거든. 5억 년, 10억 년 전 지구 모습은 어떠했는지, 지구가 어떻게 변화해 왔는지 알아보는……. 근데 그런 걸 연구하는 직업도 있을까?"

"그럼, 물론 있지요. 고생물학자가 그 일을 하거든! 가람이 꿈이 고생물학자였구나. 엄만 몰랐네?"

때마침 엄마가 딸기가 잔뜩 담긴 접시를 들고 등장했다. 딸기라면 자다가도 벌떡 일어나 먹는 우리 남매가 아무리 기다려도 방에서 나오지 않자 궁금해서 온 모양이다.

"고생물학자? 무언가 멋있어 보이는 이름인데요? 근데 고생물학자가 정확하게 어떤 일을 하는 거예요?"

가영이가 호기심 잔뜩 담긴 눈빛으로 질문하자 엄마는 가영이와 나의 입속에 딸기 하나씩을 쏙쏙 넣어 주며 물었다.

"가람이, 가영이가 몇 살이지?"

"에이, 엄마. 설마 우리 나이를 잊어버린 건 아니지요? 오빠는 열두 살, 나는 열한 살, 그리고 엄마는……."

"좋아! 거기까지. 엄마 나이는 잊은 지 오래니까! 그럼 지구는 몇 살일까?"

지구의 나이? 그러고 보니 지구가 몇 살쯤 되었는지 한 번도 생각해 본 적이 없다. 맨날 똑똑한 척하는 한가영도 답이 없는 걸 보니 모르는 모양이다.

"지구는 지금으로부터 46억 년 전에 태어났어."

"우아! 그럼 지구 나이가 46억 살이라는 거예요? 대박! 완전 초초초초초초초 할아버지네요."

나는 놀라 입이 떡 벌어졌다. 46억 년 전 지구의 모습이 도무지 머릿속에 그려지지 않았다.

"그런데 지구는 어떻게 만들어진 거예요?"

가영이는 큰 눈을 더 크게 뜨며 물었다.

"지구의 시작은 태양 주위를 돌고 있는 가스와 작은 먼지란다."

나와 가영이는 약속이라도 한 듯 동시에 고개를 갸우뚱했다.

'지구가 가스와 먼지로 만들어졌다고?'

엄마는 두 주먹을 허공에 빙빙 돌리며 이야기했다.

"태양 주위를 돌던 가스와 먼지 같은 작은 입자들이 서로 달라붙으면서 덩어리를 만들기 시작했어. 그리고 이 덩어리들끼리 엄청나게 빠른 속도로 계속해서 충돌하고 합쳐져 점점 더 큰 덩어리를 만들었지. 이게 지구의 시작인 셈이야."

엄마의 말이 끝나자마자, 나는 엄마에게 물었다.

"큰 덩어리들끼리 충돌하면 엄청난 열이 발생하지 않나요?"

맞아. 지구가 막 태어났을 때는 땅도 바다도 없었어. 충돌하면서 발생한 열 때문에 불덩어리처럼 뜨거워 마그마 상태로 존재했거든. 그 뒤에 지구가 식으면서 바깥쪽에 땅이 생기기 시작했고, 수증기가 비로 내려 바다가 되었단다. 그리고 최초의 생명체인 박테리아가 나타났어. 지구가 탄생한 후부터 인류의 역사가 시작된 약 1만 년 전까지를 지질 시대라고 해. 그리고 이 시기를 연구하는 사람을 고생물학자라고 하지.

지구

"엄마, 무언가 이상해요. 그럼 고생물학자는 인류의 역사가 시작되기 이전의 시기를 연구하는 사람이라는 거잖아요?"

"그렇지. 지구가 탄생한 약 46억 년 전부터 인류의 역사가 시작된 약 1만 년 전까지의 긴 역사를 연구하는 사람이니까."

"그럼, 글자나 그림으로 누가 쓰고 그려서 남긴 것도 없는데 어떻게 지구의 모습을 알 수 있어요?"

나와 가영이는 폭풍 질문을 쏟아냈다.

"오! 예리한 질문이야! 물론 사람들이 남긴 글이나 그림은 없어. 하지만 땅에 남은 흔적들을 토대로 무슨 일이 있었는지 추론할 수 있지."

땅에 남은 흔적들을 통해 과거를 그려 볼 수 있다고? 엄마는 땅에 남은 흔적들로 그 시대에 어떤 생물이 살았는지, 환경은 어떠했는지, 지구에 어떤 일이 일어났는지까지 알 수 있다고 했다. 고생물학자는 명탐정 같았어! 그래서 나는 다짐했다. 오늘부터 내 꿈은 고생물학자라고! 이토록 멋있는 직업이 또 있을까?

"좋아! 이번 캠핑은 '우리 가람이 고생물학자 만들기 프로젝트'로 진행한다. 어느 장소가 좋을지 엄마가 고민 좀 해 봐야겠네."

엄마는 하나 남은 딸기를 내 입에 쏙 넣으며 말했다

"우아! 드디어 우리 한가람 군. 꿈을 찾으신 건가요? 축하합니다!"

가영이는 진심으로 기쁜 듯 손뼉을 짝짝짝 쳤다. 가끔은 얄밉지만 절대 미워할 수 없는 하나뿐인 동생이다.

앗! 그런데 궁금한 것 한 가지! 엄마는 지구 역사에 대해 어쩜 이렇게 잘 알까? 엄마는 나의 마음을 훤히 들여다본 듯이 한마디를 남기고 내 방을 휙 나갔다.

"너희한테 이야기한 적 없던가? 엄마 어렸을 때 꿈이 고생물학자였던 거?"

지구의 탄생

지구는 어떻게 만들어졌을까요? 미로를 따라가다 보면
지구의 형성 과정을 알 수 있어요.

① 지금으로부터 46억 년 전, 초기 태양 주변의 궤도에는 수많은 돌덩이와 우주 먼지가 돌고 있었어.

② 돌덩이와 먼지는 중력(서로 끌어당기는 힘)에 의해 충돌하고 뭉쳐지면서 거대한 덩어리를 만들었어. 이를 '원시 지구'라고 해.

③ 더 많은 돌덩이가 원시 지구에 부딪히면서 엄청난 열이 발생했어.

④ 뜨거운 열로 지구 전체가 거의 녹아 마그마 바다를 형성했어.

⑤ 마그마 바다에서 철이나 니켈 같은 무거운 물질은 지구 중심으로 가라앉아 핵을 만들었고, 산소, 수소, 규소, 알루미늄 등의 가벼운 물질은 위로 떠올라 맨틀을 형성했지.

⑥ 돌덩어리의 충돌이 줄어들면서 지구 표면이 식어 지각이 만들어졌어.

⑦ 공기 중의 뜨거웠던 수증기는 식어 비가 되어 내리기 시작했어. 수백 년 동안 내린 비는 거대한 바다가 되었지.

⑧ 드디어 지구에 땅과 바다가 만들어졌어.

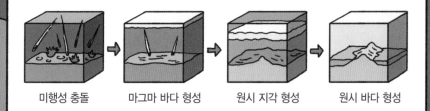

미행성 충돌   →   마그마 바다 형성   →   원시 지각 형성   →   원시 바다 형성

빨주노초파남보 불꽃놀이

오늘이 바로 그날인가! 내가 미래의 고생물학자로서 첫 발자국을 내딛는 날 말이다.

나는 누가 깨우지 않았는데도 아침 일찍 일어나 캠핑에 필요한 준비물을 부지런히 챙겼다.

"가람, 가영! 준비 다 됐니? 이제 출발하자! 레츠 고!"

아빠의 목소리가 한껏 들떠 있었다. 아빠는 참 이상하다. 월요일부터 금요일까지는 목소리가 낮은 도 음인데 주말만 되면 높은 솔음으로 변한다. 그만큼 캠핑이 신나는 모양이다.

"우리 아들, 딸! 이제 출발하는 거야?"

엄마가 머리에 헤어롤을 잔뜩 만 채 우리를 배웅하러 나왔다.

"밤엔 추울 수 있어. 두툼한 옷도 챙겼지? 아빠 허락 없이 혼자 이동하는 건 절대 금물이야. 혹시라도 말벌 통을 보게 된다면 근처에는 얼씬도 하면 안 돼. 말벌 침에는 여러 종류의 독소가 있거든. 자칫 쏘였다가 알레르기로 끝나면 다행인데 잘못했다가는⋯⋯."

엄마의 잔소리가 길어질 것을 직감한 나는 얼른 가영이를 향해 눈짓을 보냈다.

"엄마! 그러지 말고 엄마도 오늘 우리랑 같이 캠핑 가는 건 어때요? 엄마가 같이 가면 더 행복한 가족 캠핑이 될 것 같아요. 고기도 함께 구워 먹고 곤충 관찰도 하고요! 너무 신나겠다!"

가영이는 마음에도 없는 말을 쏟아내며 엄마의 팔을 붙잡고 졸라대기 시작했다. 역시 똑똑한 내 동생! 깨끗한 침대와 쾌적한 화장실, 욕조가 있는 호캉스를 선호하는 엄마가 절대 캠핑에 따라나설 일이 없다는 걸 아는 가영이의 계산된 행동이었다. 가영이의 어색한 연기에도 엄마는 질색하는 표정으로 손사래를 치며 잘 다녀오라는 짧은 인사를 남기고는 방으로 들어갔다.

"작전 성공!"

가영이의 의기양양한 표정에 나와 아빠는 엄마에게 들릴까 봐 조용하게 웃음을 쏟아냈다. 혹시라도 엄마 마음이 바뀔 수도 있으니 재빠르게 집을 나서려는데 밖에서 우당탕 요란스러운 소리가 들렸다. 그리고 현관문을 여는 순간 삼촌이 벌게진 얼굴로 우리 사이를 비집고 집 안으로 후다닥 뛰어 들어왔다. 삼촌의 목적지는 바로 화장실.

곧 화장실에서 천둥 번개 치는 소리가 들려왔다.

잠시 후 한결 편안해진 삼촌의 음성이 흘러나왔다.

"휴, 이제 좀 살겠네! 조금만 늦었으면 진짜 큰일 날 뻔했어. 내가 뭘 잘못 먹었나 봐. 미안한데 조금만, 아니 5분만 기다려 줘!"

식탐 많은 삼촌이 아무거나 주워 먹다 탈이 난 게 분명했다. 화장실에서 몇 번의 폭탄 음이 더 이어졌고, 출발 시간이 훌쩍 지나갔지만 삼촌은 화장실에서 나올 기미가 없었다.

"삼촌! 아직 멀었어요? 출발해야 해요. 더 기다릴 수 없다고요!"

내가 투덜대며 이야기하자 가영이도 한마디 거들었다.

"여하튼 우리 갈게요. 너무 늦었어요!"

"정말 이러기야! 내가 너희 어릴 때 놀이동산도 데려가고, 어린이날마다 선물도 주었는데! 조금만 기다려 줘, 나도 가족이잖아. 응?"

기필코 우리와 함께 캠핑을 떠나겠다는 삼촌의 애절한 목소리에 우리도 차마 삼촌을 두고 떠날 수는 없었다. 결국 삼촌의 위와 장이 진정되기를 기다렸다가 늦은 오후가 되서야 겨우 집에서 나올 수 있었다. 출발도 하기 전에 이미 지친 기분은 뭐람?

엄마가 입력한 내비게이션의 주소는 강원도의 어느 한 작은 마을이었다. 구불구불 산길을 지나 주소 주변에 다다랐을 땐 이미 해가 산 너머로 모습을 감춘 뒤였다.

내비게이션이 친절한 음성으로 목적지에 도착했음을 알렸다. 그리고 곧 화면에 이번 미션을 알리는 메시지가 떴다.

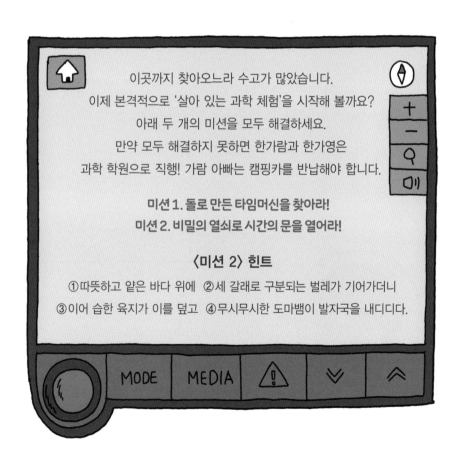

이곳까지 찾아오느라 수고가 많았습니다.
이제 본격적으로 '살아 있는 과학 체험'을 시작해 볼까요?
아래 두 개의 미션을 모두 해결하세요.
만약 모두 해결하지 못하면 한가람과 한가영은
과학 학원으로 직행! 가람 아빠는 캠핑카를 반납해야 합니다.

미션 1. 돌로 만든 타임머신을 찾아라!
미션 2. 비밀의 열쇠로 시간의 문을 열어라!

〈미션 2〉 힌트

①따뜻하고 얕은 바다 위에 ②세 갈래로 구분되는 벌레가 기어가더니
③이어 습한 육지가 이를 덮고 ④무시무시한 도마뱀이 발자국을 내디디다.

MODE MEDIA ⚠ ≫ ≪

"타임머신? 비밀의 열쇠? 이게 다 뭐람? 이번 미션도 쉽지 않겠어요."

가영이가 수수께끼 같은 미션에 한숨을 쉬었다.

"아무래도 누나가 가람이와 가영이를 과학 학원에 보내고 싶은 게 분명해. 그렇지 않고서야 이런 알쏭달쏭한 미션을 낼 리가 없잖아?"

삼촌의 말에 나는 눈을 흘기며 다다다 쏘아붙였다.

"삼촌! 지금 그런 말을 할 때가 아닌 것 같은데요? 미션도 문제지만 삼촌 때문에 벌써 날이 어두워졌잖아요! 시간은 금인데, 삼촌 때문에 금을 다 날린 거라고요! 미션 수행 못 하면 다 삼촌 때문인 거 알죠?"

"그럴 일은 없길 바라야겠지만 혹시라도 캠핑카를 반납해야 하는 상황이 생기면 그땐 처남이 책임져!"

아빠까지 한마디 더 보태자 삼촌이 시무룩해졌다.

지이이이잉. 지이이이잉.

그때 주머니 속 휴대폰이 요란스럽게 울렸다. 엄마의 메시지였다.

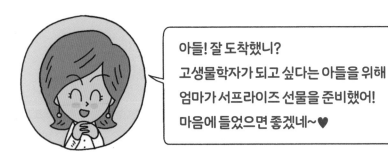

아들! 잘 도착했니?
고생물학자가 되고 싶다는 아들을 위해
엄마가 서프라이즈 선물을 준비했어!
마음에 들었으면 좋겠네~♥

서프라이즈 선물이라고? 기대감에 잔뜩 부푼 나는 캠핑카 내부를 이곳저곳 뒤지며 엄마의 선물을 찾기 시작했다. 하지만 의자 밑에도 트렁크 안에도 그 어디에도 깜짝 놀랄 만한 선물은 보이지 않았다.

"설마 이걸 찾고 있는 거야?"

가영이가 내 앞에 불쑥 내민 건 한눈에 보기에도 꽤 묵직해 보이는 노란색 주머니였다.

"이게 뭐야?"

"엄마가 캠핑 장소에 도착하면 오빠에게 전해 주라고 하던걸. 고생물학자가 되기 위해선 꼭 필요한 준비물이라면서 말이야. 도대체 뭐가 들었길래 이렇게 무거운 거지?"

가영이에게서 주머니를 건네받은 나는 꽉 묶여 있는 매듭을 허겁지겁 풀었다. 그리고 주머니 속 물건들을 하나하나 꺼내기 시작했다.

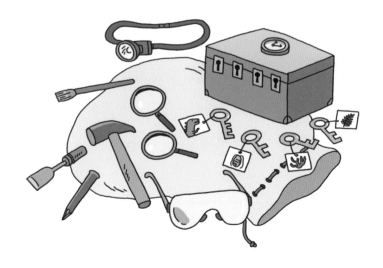

세상에나! 기대가 크면 실망도 큰 법이거늘. 나는 전혀 서프라이즈 하지 않은 엄마의 선물에 당황하고 말았다. 이 물건들을 도대체 어디에 쓰라는 거지?

"오! 돋보기가 두 개네. 하나는 내 거!"

가영이는 실망으로 팍 식어 버린 내 마음을 아는지 모르는지 냉큼 돋보기 하나를 자신의 배낭에 챙겨 넣었다.

"그런데 이건 뭘까? 보석함 같은데?"

가영이는 낡은 상자를 들어 위아래로 흔들었다. 상자는 텅 비어 있는지 아무런 소리도 나지 않았다. 열쇠 구멍이 네 개, 열쇠도 네 개니까 이 열쇠로 낡은 상자를 열 수 있는 걸까?

그때 잔뜩 주눅 들어 주변에서 쭈뼛거리고 있던 삼촌이 개미만 한 목소리로 속삭이듯 말했다.

"큼큼. 저의 예민하고 까칠한 장 때문에 심려를 끼쳐 죄송합니다. 이번 미션은 제가 최선을 다할 테니 걱정 마세요!"

삼촌은 온몸으로 우리에게 미안함을 표현하고 있었다. 하지만 아빠는 손을 휘이휘이 내저으며 말했다.

"말로만은 안 되지. 의지를 행동으로 보이는 건 어때? 오늘 저녁 식사 당번은 처남이?"

"물론이죠, 매형! 오늘 저녁은 제가 풀 코스로 모시겠습니다! 음, 강원도에 왔으니 메인 메뉴는 감자 짜글이 어떠신가요? 해산물 송송 넣은 파전까지 곁들이도록 하겠습니다. 아차차, 그리고 사랑하는 나의 조카들! 식사 후에는 삼촌이 엄청난 마법도 보여 줄 테니 기대하라고!"

우리 모두 우레와 같은 박수로 대답을 대신 하자 삼촌은 금세 자신 있는 표정을 지었다. 그리고 본격적인 식사 준비를 위해 옷소매를 걷었다.

"그렇다면 밥은 내가 하는 걸로 하지."

아빠는 잘 씻은 쌀과 적당량의 물을 냄비에 붓고는 캠핑 버너에 불을 붙였다. 그러고는 돌멩이를 주워 와 냄비 위에 올려놓았다.

"아빠! 밥하는 냄비 위에 돌을 올려놓다뇨!"

가영이가 이해할 수 없다는 듯 고개를 갸웃하자, 아빠가 검지를 치켜세우며 말했다.

"맛있는 밥의 핵심은 무엇이다? 바로 끓는점이거든. 다 이유가 있단다."

끓는점? 물이 100℃에서 끓는 그 끓는점을 말하는 걸까? 그런데 끓는점하고 냄비 위에 돌멩이가 무슨 관계라는 거지?

이렇게 돌을 올려 두면 뚜껑을 누르는 압력이 증가해. 압력이 높아지면 끓는점도 같이 높아져서 꼬들꼬들하고 찰진 맛있는 냄비 밥을 만들 수 있지.

아빠의 설명이 알쏭달쏭했지만, 호기심이 배고픔을 이기지는 못했다. 고소한 밥 냄새가 풍겨 나오자 배 속이 요동치기 시작했다. 때마침 삼촌이 보글보글 끓는 감자 짜글이와 윤기가 잘잘 흐르는 파전을 들고 왔다. 우리는 서로 말 한마디도 나누지 않은 채 식사에 열중했다. 나의 12년 인생 중 열 손가락 안에 들 만한 최고의 맛이었다. 그래서 난 시도 때도 없이 트러블을 일으키는 삼촌의 위장과 소장, 그리고 대장을 용서하기로 했다.

"와, 삼촌! 과학 유튜버 말고 요리 유튜버는 어때요? 진짜 이 맛은 인정!"

나와 가영이가 엄지손가락을 치켜세우자 삼촌은 별거 아니라는 듯 어깨를 으쓱했다.

"고작 이걸로 감동하면 곤란한데. 아름답고 신비한 불의 마법이 곧 시작되거든. 커밍 쑨~."

삼촌은 캠핑하면 모닥불이라며 화로대 장작에 불을 붙이고 은박지로 싼 고구마 몇 개를 모닥불 사이에 던져 넣었다. 우리는 모닥불 주변으로 옹기종기 모여 앉았다. 타닥타닥 장작 타는 소리가 좋았다. 따스한 모닥불을 보자 마음이 한결 편안해졌다.

"삼촌. 마법 쇼는 언제 시작하나요?"

가영이가 고구마를 호호 불어 먹으며 물었다.

"자, 이제 시작해 볼까요? 여러분 이건 마법 가루랍니다!"

삼촌은 주머니에서 봉투 몇 개를 꺼내 흔들어 보였다. 그러고는 마치 마법사라도 된 듯 손을 이리저리 흔들며 주문을 외우기 시작했다.

"아브라카다브라! 빨주노초파남보 무지개 모닥불로 만들어 다오!
이루어져라! 내가 말하는 대로!"

삼촌이 마법 가루를 모닥불 위로 뿌리기 시작했다.

"오오오! 우아! 정말 무지개 불꽃이에요!"

정말 마법이 일어났다.

빨갛게 타오르던 모닥불의 색깔이 노란색으로 또 주황색으로, 다
시 보라색으로 이리저리 바뀌는 게 아니겠는가! 나는 마법 가루의
정체가 몹시도 궁금했다. 어떤 비밀이 숨겨져 있는 걸까?

잘 나갈 유튜버의 캠핑 사이언스 불꽃색의 비밀

5 봉투에 써진 이 기호는
마법 코드가 아니라
바로 원소 기호입니다!

원소 : 모든 물질을 구성하는 기본 성분을 말해요.
Ba는 바륨, Cu는 구리, Na는 나트륨,
K는 칼륨, Ca는 칼슘의 원소 기호랍니다.

6 원소를 불꽃에 넣으면 에너지를 얻어
높은 에너지 상태로 가게 된답니다.
에너지 상태가 높은 건 안정된 상태가 아니에요.

나 다시 돌아갈래!

에너지가 높아
다리가 후들거려!

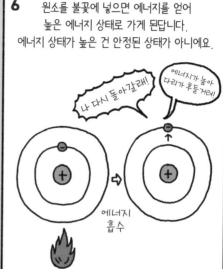

에너지
흡수

7 다시 안정된 상태로 돌아가기 위해
흡수했던 에너지를 방출하는데
이 과정에서 우리 눈에 보이는 불꽃색이
나타나는 거지요.

바닥으로 돌아오니 안정적이고 좋아!

8 원소의 종류에 따라 불꽃색은 달라진답니다.
각 원소마다 흡수하고 방출하는
에너지양이 다르기 때문이죠.
무지개 불꽃은 마술이 아닌 과학!

노란색	보라색	청록색	주황색	황록색
Na	K	Cu	Ca	Ba
나트륨	칼륨	구리	칼슘	바륨

살아 있는 과학 일기 맛있는 밥의 비밀

년   월   일   요일

나는 윤기가 좌르르 흐르는 하얀 쌀밥을 좋아한다.

어떻게 하면 맛있는 쌀밥을 만들 수 있을까? 물론 좋은 쌀과 깨끗한 물도 중요하지만, 밥맛을 좌우하는 건 바로 끓는점이다.

끓는점이란 액체가 기체로 변할 때의 온도를 말한다. 물의 끓는점은 100℃! 물의 양이 달라도 가열하는 불꽃의 세기가 달라도 물은 100℃에서 끓기 시작한다.

하지만 끓는점은 압력에 따라 달라진다. 압력이 낮아지면 끓는점이 낮아지고 압력이 높아지면 끓는점도 높아진다.

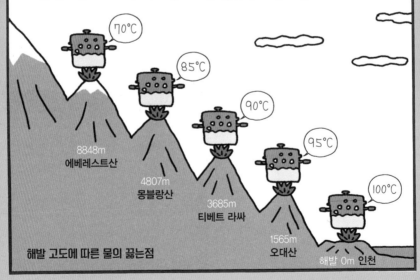

70℃
85℃
90℃
95℃
100℃

8848m
에베레스트산

4807m
몽블랑산

3685m
티베트 라싸

1565m
오대산

해발 0m 인천

해발 고도에 따른 물의 끓는점

산은 지상보다 기압이 낮아서 끓는점도 낮다. 그래서 산에서 밥을 지으면 100℃에 도달하기도 전에 물이 끓어서 쌀이 잘 익지 않는다. 다행히 이를 해결한 간단한 방법이 있다. 바로 냄비 뚜껑 위에 돌을 올려 두면 된다. 돌이 누르는 압력이 더해져 물의 끓는점을 높일 수 있기 때문이다.

압력밥솥에서 갓 지은 밥이 맛있는 것 역시 끓는점 때문이다. 압력밥솥의 솥과 뚜껑 사이의 고무 패킹이 솥 내부의 압력을 1.2기압 정도로 높여, 끓는점을 120℃ 정도까지 높여 주기 때문이다. 끓는점이 높아지면 더 많은 열이 밥으로 전달되어 더 빠르게 밥을 지을 수 있고, 밥 짓는 시간이 줄어 비타민이나 무기질과 같은 영양소가 파괴되는 것을 막아 맛 좋은 밥을 만들 수 있다.

굴이 있는 연못

다음 날 아침, 우리는 모두 일찍 일어났다. 삼촌의 예민하고 까칠한 장 때문에 하루를 날려 버려서 꾸물댈 수가 없었다. 미션 수행에 실패하면 어떤 일이 일어나게 될지 우리 모두 잘 알고 있었기 때문이다.

어제는 밤늦게 도착해 몰랐는데, 주변이 푸른 산과 구름이 병풍처럼 사방을 감싸고 그 사이로 맑고 깨끗한 강물이 시원하게 흐르고 있었다.

"산명수려(山明水麗)하구나!"

"그러게요. 매형, 우리나라에도 진짜 멋진 곳이 많은 것 같아요."

모두 자연에 잔뜩 취해 있던 그때였다.

"엇! 저기 봐요!"

우리의 시선은 모두 가영이의 손끝으로 향했다. 가영이가 가리킨 산 가운데에 놀랍게도 높이 20~30미터, 너비 30미터는 족히 되어 보이는 커다란 구멍이 나 있었고, 그 구멍으로 강물이 힘 있게 흘러가고 있었다. 구멍 앞 비석에는 '求門沼(구문소)'라고 적혀 있었다.

"구문소. 굴이 있는 연못이라는 뜻이야. 옛말에 산은 물을 건너지 못하고, 물은 산을 넘지 못한다는 말이 있는데 이곳을 보면 그런 얘기를 할 수 없지."

아빠의 말에 나는 고개를 갸우뚱했다.

"아빠, 그게 무슨 뜻이에요?"

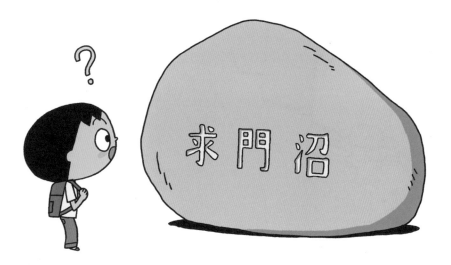

"여기 흐르는 이 작은 강은 황지천이야. 강이 큰 암반에 가로막히자 오랜 세월 동안 바위를 깎아 큰 구멍을 낸 거지. 오로지 강물의 힘으로 이 큰 석문을 만든 거야. 우리나라에서 유일하게 산을 가로지르는 강이야."

나는 입이 떡 벌어졌다. 강물이 산을 뚫어 만들어 낸 거대한 석문이라니!

"엇, 근데 구문소 옆에 있는 이 석문은 뭐예요? 이건 강물이 뚫은 건 아닌 듯한데."

가영이가 구문소 옆에 나 있는 또 다른 석문을 가리켰다.

"이건 1937년 일제 강점기에 만들어진 거야. 일본은 이곳 주민들을 위해 만든 석문이라고 주장했어. 하지만 실은 탄광에서 캐낸 석탄을 자기네 나라로 가져갈 목적으로 도로를 내기 위해 뚫은 거지."

"맙소사! 이 석문을 통해 우리나라 자원을 얼마나 가져간 걸까요? 그런데, 아빠는 어떻게 그런 걸 다 알아요?"

가영이가 감동한 표정을 짓자, 아빠는 특전사 시절 이곳 근처에서 훈련을 받아 이 일대는 잘 알고 있다며 이런저런 에피소드를 늘어놓기 시작했다. 이야기가 길어질 것을 직감한 삼촌이 정확한 타이밍에 말을 끊었다.

"얘들아, 강이 산을 뚫다니 정말 놀랍지 않니? 그래서 옛사람들은 구문소를 신선의 세계로 들어가는 문이라고 부르기도 했대. 저 구멍 너머에 뭐가 있을지 몹시 궁금한데, 시간 여행을 떠나 보는 건 어때? 레츠 고!"

신선의 세계로 들어가는 문? 무언가 재미있는 일이 벌어질 것 같다. 우리는 홀린 듯 삼촌을 따라갔다. 두근대는 마음으로 신선 세계로 들어가는 문을 통과했지만, 그 너머에 긴 수염을 기른 도사나 호랑이가 하늘을 날아다니는 일 따위는 없었다. 하지만 세차게 흐르는 강물 소리가 경쾌했고 강 옆으로 자리한 큼직큼직한 암석들이 아름다운 풍경을 만들어 내고 있었다. 그런데 암석의 모양이 좀 이상했다.

"여기 암석은 모양이 특이해요. 한 겹 한 겹 쌓인 케이크 같아요."

딸기 시폰 케이크가 떠오른 나는 침을 꼴깍 삼켰다. 그 모습을 지켜보던 가영이가 피식 웃었다.

"오빠는 역시 먹는 생각뿐이구나. 나는 층층이 책을 쌓아 둔 것 같다고 생각했는데."

"맞아. 케이크 같기도 하고 책을 쌓아 둔 것처럼 보이기도 하지. 삼촌은 무지개떡이 떠오르는데. 이렇게 얇은 층이 켜켜이 쌓여 있는 구조를 지층이라고 해. 오랜 시간 동안 자갈이나 모래, 진흙 같은 퇴적물이 차곡차곡 쌓이고 굳어져 만들어진 거야."

삼촌의 말이 끝나기가 무섭게 가영이는 가방을 뒤적거리더니 커다란 돋보기를 꺼내 들었다. 그러고는 지층을 관찰하기 시작했다. 콧구멍이 벌렁거리는 걸 보니 꽤 진지한 탐구 중인 것이 분명했다. 가영이는 집중하면 콧구멍이 가만히 있지 않는다.

"삼촌, 층마다 알갱이의 크기와 색깔이 달라요. 두께도 차이가 있고요."

"역시 가영이 눈썰미가 예리한걸?"

삼촌의 칭찬에 가영이는 별거 아니라는 듯 가볍게 어깨를 으쓱했다.

"지층은 자갈이나 모래, 진흙 같은 퇴적물로 이루어진다고 했지? 그런데 이 알갱이들은 주로 물이나 바람을 타고 이동해. 각각의 크기와 무게가 달라 서로 다른 장소에 쌓일 수밖에 없단다. 자, 이걸 봐!"

삼촌은 갑자기 바닥에서 크고 작은 돌멩이 몇 개를 집어 들더니 흐르는 강물로 가볍게 던졌다. 무슨 의미지? 삼촌의 수수께끼 같은 행동에는 분명 이유가 있을 것이다. 삼촌이 던진 작은 돌멩이는 강물을 따라 쏜살같이 떠내려갔지만 큰 돌멩이는 얼마 가지 못하고 바닥에 가라앉았다.

"아하! 작고 가벼운 알갱이는 멀리까지 이동할 수 있지만, 크고 무거운 알갱이는 멀리까지 못 가겠네요."

나의 대답에 삼촌과 아빠, 가영이까지 엄지를 치켜세웠다.

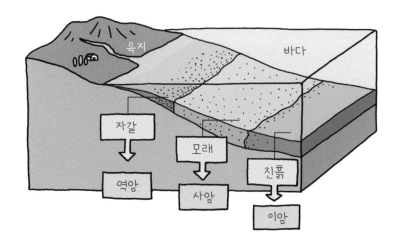

"그래서 육지와 가까운 강이나 바다의 밑바닥에는 굵은 알갱이들이, 반대로 육지와 멀리 떨어진 곳이나 호수에서는 작은 알갱이들이 모여 지층을 만들게 돼."

"우아. 지층은 정말 쓸모가 있군요. 과거에 이곳이 물속 깊은 곳이었는지 얕은 곳이었는지 알려 주는 단서가 되니까요."

나는 땅에 남은 흔적들을 토대로 무슨 일이 있었는지 추론할 수 있다고 했던 엄마 말이 무엇인지 어렴풋이나마 이해할 수 있었다.

"그런데 이 줄무늬는 왜 생기는 거죠? 마치 나이테 같아요."

한참을 돋보기로 요리조리 암석을 관찰하던 가영이가 콧구멍을 벌렁거리며 이야기했다.

"맞아. 모양이 나이테랑 비슷하지? 이 줄무늬의 이름은 층리야.

알갱이의 크기나 색이 다른 퇴적물이 층층이 쌓여 지층이 만들어지다 보니 지층 사이사이에 이렇게 줄무늬가 생긴 거지. 층리는 암석 중에 퇴적암에서만 볼 수 있는 고유의 특징이야."

"그럼 퇴적암이란 퇴적물이 쌓여서 만들어지는 암석이라는 거군요. 다른 방법으로 만들어지는 암석도 있나요?"

"물론이지. 암석이란 어떻게 만들어졌냐에 따라 퇴적암 외에도 화성암, 변성암으로 구분할 수 있거든."

세상에나! 암석의 종류가 이토록 다양하다고? 암석은 다 비슷비슷하다고 생각했는데 만들어지는 방법이 각기 다르다는 사실이 무척이나 놀라웠다.

"삼촌! 그럼 화성암과 변성암은 어떻게 만들어지는 건가요?"

호기심이 잔뜩 부풀어 오른 건 가영이도 마찬가지였다.

"에이, 한가영. 너는 그것도 몰라? 화성암은 저 먼 우주 화성에서 온 암석이지!"

가영이는 나의 썰렁한 개그에 도저히 참을 수 없다는 듯이 눈을 흘겼지만, 삼촌은 올해 들은 유머 중에 제일 재밌다며 배를 부여잡고 크게 웃었다. 역시 삼촌과 나는 개그 코드가 딱 맞는 것 같다.

"화성암은 화성에서 온 암석이 아니고요. 화산 활동을 통해 만들어진 암석이야. 마그마 또는 용암이 식어서 굳어진 거지."

"마그마와 용암? 화산이 폭발할 때 나오는 거잖아요. 빨갛고 뜨겁고 걸쭉한. 두 개가 같은 건 줄 알았는데 차이가 있나요?"

마그마와 용암을 같은 것으로 착각하기 쉬워. 하지만 두 개는 달라. 용암은 화산 밖에 있고, 마그마는 화산 안에 있어. 화산 안에 있으면 마그마지만, 화산 밖으로 뿜어져 나오는 순간 용암이 되지.

"오. 둘은 다른 거였군요. 그런데 삼촌, 마그마나 용암은 엄청 꾸덕하고 뜨거우니까 층리 같은 줄무늬는 생길 수 없을 것 같아요."

"그렇지! 가람이가 제법인걸. 층리는 화성암에서는 볼 수 없어. 퇴적암에서만 볼 수 있는 특징이지. 그렇다면 변성암은 어떻게 만들어진 걸까?"

"변했다? 이름에서 무언가 변했다라는 느낌이 있어요."

"우리 가영이 역시 과학 유튜버의 조카답군! '변성'이란 '형태가 변한다'는 의미야. 가영이 말대로 기존에 만들어진 화성암과 퇴적암이 높은 열과 압력으로 성질이 변해 만들어진 암석을 변성암이라고 하지."

"다 같은 암석이지만 어떻게 만들어졌느냐에 따라 암석의 종류가 달라지는 거군요. 떡볶이랑 비슷한데요? 떡볶이라도 다 같은 떡볶이가 아니잖아요. 기름에 볶으면 기름 떡볶이, 간장 소스를 넣으면 간장 떡볶이, 로제 소스를 넣으면 로제 떡볶이가 되는 것처럼 말이죠. 헤헤헤."

"으휴. 오빠는 왜 맨날 얘기가 먹는 걸로 끝나? 정말 못 말린다 못 말려!"

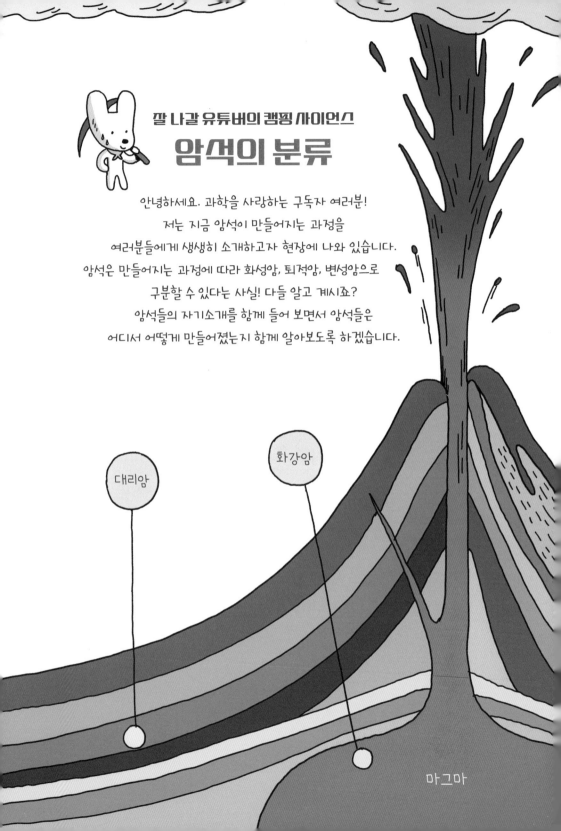

잘 나갈 유튜버의 캠핑 사이언스
암석의 분류

안녕하세요. 과학을 사랑하는 구독자 여러분!
저는 지금 암석이 만들어지는 과정을
여러분들에게 생생히 소개하고자 현장에 나와 있습니다.
암석은 만들어지는 과정에 따라 화성암, 퇴적암, 변성암으로
구분할 수 있다는 사실! 다들 알고 계시죠?
암석들의 자기소개를 함께 들어 보면서 암석들은
어디서 어떻게 만들어졌는지 함께 알아보도록 하겠습니다.

대리암

화강암

마그마

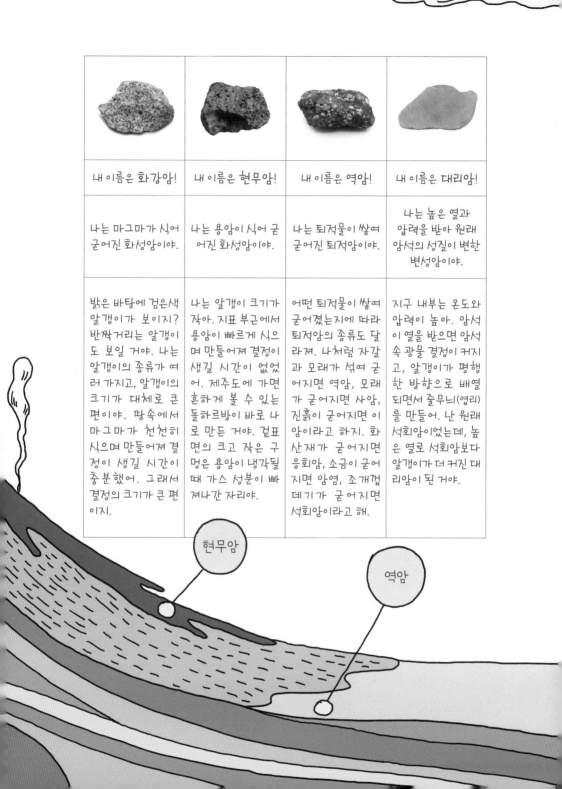			
내 이름은 화강암!	내 이름은 현무암!	내 이름은 역암!	내 이름은 대리암!
나는 마그마가 식어 굳어진 화성암이야.	나는 용암이 식어 굳어진 화성암이야.	나는 퇴적물이 쌓여 굳어진 퇴적암이야.	나는 높은 열과 압력을 받아 원래 암석의 성질이 변한 변성암이야.
밝은 바탕에 검은색 알갱이가 보이지? 반짝거리는 알갱이도 보일 거야. 나는 알갱이의 종류가 여러 가지고, 알갱이의 크기가 대체로 큰 편이야. 땅속에서 마그마가 천천히 식으며 만들어져 결정이 생길 시간이 충분했어. 그래서 결정의 크기가 큰 편이지.	나는 알갱이 크기가 작아. 지표 부근에서 용암이 빠르게 식으며 만들어져 결정이 생길 시간이 없었어. 제주도에 가면 흔하게 볼 수 있는 돌하르방이 바로 나로 만든 거야. 겉표면의 크고 작은 구멍은 용암이 냉각될 때 가스 성분이 빠져나간 자리야.	어떤 퇴적물이 쌓여 굳어졌는지에 따라 퇴적암의 종류도 달라져. 나처럼 자갈과 모래가 섞여 굳어지면 역암, 모래가 굳어지면 사암, 진흙이 굳어지면 이암이라고 하지. 화산재가 굳어지면 응회암, 소금이 굳어지면 암염, 조개껍데기가 굳어지면 석회암이라고 해.	지구 내부는 온도와 압력이 높아. 암석이 열을 받으면 암석 속 광물 결정이 커지고, 알갱이가 평행한 방향으로 배열되면서 줄무늬(엽리)를 만들어. 난 원래 석회암이었는데, 높은 열로 석회암보다 알갱이가 더 커진 대리암이 된 거야.

현무암

역암

년 월 일 요일	

　　암석(바위 암 巖, 돌 석 石)이란 한자어 그대로 바위와 돌이라는 뜻이다. 암석은 단단하고 무겁다. 그래서 나는 한번 만들어진 암석은 절대 변하지 않을 줄 알았다. 하지만 놀라운 사실! 암석은 변신의 귀재다. 오랜 시간 동안 끊임없이 변화하고 또 변화한다는 것이다.

　　마그마가 식어서 굳어지면 화성암이 된다. 이렇게 만들어진 화성암이 지표면에 노출되면 비와 바람에 깎이거나 잘게 부서지는 풍화·침식 작용에 의해 퇴적물이 되고, 퇴적물이 운반되어 쌓이고 굳어지면 퇴적암이 만들어진다. 이렇게 만들어진 암석이 지하 깊은 곳에서 열과 압력을 받으면 성질이 변해 변성암이 된다. 더 높은 열을 받으면 암석들이 모두 녹아서 마그마가 되고, 마그마가 식어서 굳어지면 다시 화성암이 만들어지는 것이다. 모든 암석은 끝도 없는 변신을 되풀이한다. 마치 계속해서 여행하는 것 같다.

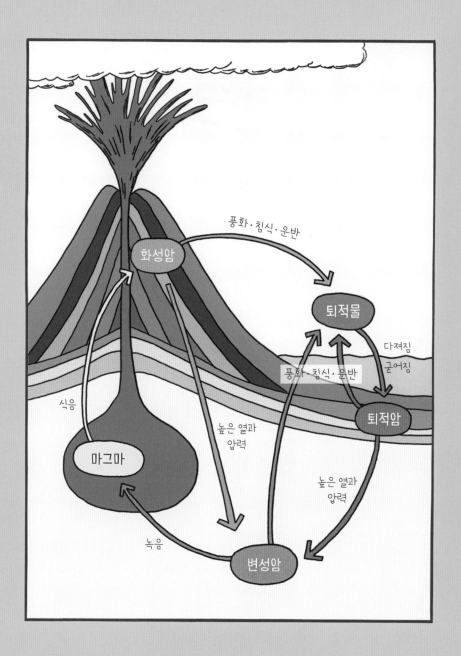

타임머신 타고 고생대

    우리는 마치 숨은 보석 찾기라도 하듯 강 옆 이곳저곳을 돌아다니며 지층을 관찰했다. 층층이 색깔, 두께, 알갱이의 크기가 다른 것을 확인할 수 있었다. 지층을 이루고 있는 퇴적물의 종류가 달라 각각 다른 퇴적암이 만들어졌기 때문이다.

    암석을 살펴보던 아빠가 고개를 갸웃하더니 콧구멍을 벌름거리기 시작했다. 아빠가 깊은 생각에 빠지면 나오는 버릇이다. 가영이가 집중하면 콧구멍을 벌렁거리는 것 역시 아빠를 닮아서다.

    "매형. 무슨 문제라도 있어요?"

    "내 생각엔 말이지, 층리가 발견되는 퇴적암이니까 말이야…….
혹시 그것도 볼 수 있지 않을까?"

"그것요? 그것이라고 하면⋯⋯. 아! 그것요? 그럴 수도 있겠네요!"

"아빠, 삼촌! 그것이 뭔데요?"

내가 재차 질문했지만, 아빠와 삼촌은 대답도 잊은 채 주변을 두리번거리며 무언가를 찾기 시작했다. 그때 가영이가 소리쳤다.

"여기 그것이 있어요! 그것요! 빨리 와 보세요!"

도대체 그것이 뭐람? 아니 그보다 내가 모르는 그것을 가영이는 알고 있다고?

모두 애타게 찾던 그것은 바로 암석 위에 남아 있는 흔적이었다. 커다란 바퀴벌레의 흔적 같았다. 하지만 다리가 많은 이상한 모양이었다.

"이게 그것 맞죠? 화석! 모양새를 보니 아마도 삼엽충 화석?"

가영이가 자신감 있는 표정을 짓자 아빠는 따봉을 날리며 고개를 끄덕였다.

"우아! 이게 삼엽충 화석이라고요? 책에서 본 적은 있는데, 이렇게 실제로 암석 위에 있는 건 처음 봐요. 신기하다!"

"도장을 꾹 찍은 것 같아요!"

나와 가영이는 머리를 맞대고 삼엽충 화석을 관찰했다. 나는 노란 주머니에서 붓을 꺼내 화석 주변의 먼지와 모래를 털어 냈다. 삼엽충 모양이 좀 더 또렷하게 눈에 들어왔다. 그러다 문득 궁금증해졌다.

"그런데 화석이란 무슨 뜻인가요?"

"화석이란 될 화(化), 돌 석(石)으로 이루어진 말이야. '돌이 된 것'이란 뜻이지. 즉, 퇴적물과 함께 묻힌 고생물의 유해나 흔적이 퇴적암 속에 남은 것을 말해. 고생물 위로 흙이 덮이면 생물의 몸이나 흔적은 다른 동물이나 외부의 변화로부터 보호받을 수가 있어. 그래서 이렇게 화석으로 남게 될 수 있는 거고."

아빠는 돋보기로 삼엽충 화석을 자세히 관찰하며 말했다.

"그렇다면 화석은 퇴적암에서만 볼 수 있는 건가요?"

"우리 오빠 고생물학자 되고 싶다더니 책 더 읽어야겠네. 화성암은 마그마가 굳어서 생긴 암석이잖아. 뜨거운 열 때문에 생물의 유해나 흔적이 다 녹아 버리고 말지 않겠어? 변성암은 열뿐만 아니라 강한 압력을 받기도 하니까 다 찌그러져 화석이 온전하게 발견될 수 없겠지."

가영이가 고개를 도리도리 저으면서 핀잔을 줬다. 쳇! 별명이 똑똑이라지만 매번 저렇게 잘난 척하면서 설명할 것까지야. 나는 속상한 마음에 괜스레 삼엽충 화석을 꾹 눌렀다. 그때였다. 시원하게 흐르던 강줄기가 갑자기 흐름을 바꿔 거꾸로 흐르기 시작하더니 구문소를 둘러싼 울창한 숲 색깔이 빠른 속도로 변해 갔다.

다들 당황해하고 있던 찰나, 알 수 없는 강함 힘에 이끌려 우리는 강물로 빠져들고 말았다. 허우적대며 무엇이든 붙잡으려 했지만 그

럴수록 더 깊게 빨려 들어갈 뿐이었다. 그리고 나는 금세 정신을 잃고 말았다.

시간이 얼마나 지났을까?

"가람아! 가람아! 정신 차려 봐!"

누군가가 나를 사정없이 흔들어 깨우고 있었다.

희미하게 눈을 뜨니 아빠와 삼촌, 가영이가 걱정스러운 표정으로 나를 바라보고 있었다. 다들 물에 빠진 생쥐처럼 쫄딱 젖어 있었다.

"여기가 어디…… 아니, 어떻게 된 일이에요?"

주변을 둘러본 나는 정신이 번쩍 들었다. 분명히 초록빛 숲에 둘러싸인 구문소에 있었는데 어느새 바닷가 근처에 와 있는 것이 아닌가.

"아무래도 뭔가 잘못됐어. 아마도 시간을 거슬러 올라온 것 같아."

"설마 우리가 타임머신이라도 탔다는 이야기는 아니죠? 에이. 아빠는 농담도 참!"

나는 아빠의 말에 손사래를 치며 웃었다. 타임머신은 영화 속에서나 등장하는 이야기니까 말이다.

"나도 농담이었으면 좋겠는데 말이지, 여기가 고생대인 건 분명한 것 같구나."

아빠의 잔뜩 굳은 표정에 나도 덩달아 웃음기가 사라졌다.

"아빠, 말이 안 되잖아요. 시간을 거슬러 조선 시대로 온 것도 아니고 사람 하나 살지 않던 고생대로 왔다고요? 아니, 그보다 여기가 고생대라는 걸 어떻게 알 수 있는 거죠?"

내가 홀딱 젖은 머리를 털며 묻자 삼촌은 대답 대신 손가락으로 바다를 가리켰다.

"저게 증거야."

으악! 나는 엉덩이가 들썩거릴 정도로 화들짝 놀라고 말았다. 얕은 바다 밑을 기어다니는 엄청난 양의 삼엽충이 내 눈에 들어왔기 때문이다. 온몸에 소름이 쫙 돋았다.

"그러니까 왜 살아 있는 삼엽충이 내 눈앞에 있는 거냐고요!"

나는 말을 제대로 이을 수가 없었다. 믿기지 않는 광경이 내 머리를 뒤죽박죽 엉망진창으로 만들었기 때문이다.

"아빠도 믿기지 않아. 하지만 눈앞에 삼엽충이 있고, 삼엽충은 고생대 바다를 지배했던 생물이잖아. 그 이후로는 모두 멸종했으니까. 어찌 된 까닭인지는 모르겠지만 고생대에 와 있는 것이 확실하다고 할 수밖에."

아빠는 어찌할 바를 몰라 하는 나와 가영이의 어깨를 차례로 토닥이고는 자리에서 벌떡 일어났다.

"자! 호랑이 굴에 들어가도 정신만 똑바로 차리면 산다잖아. 이럴 때일수록 우리가 힘을 합쳐서 문제를 해결해야 해."

아빠는 특전사에게 안 되는 일은 없다며 '안 되면 되게 하라!'라고 외쳤다.

"좋아요. 우선 이 상황을 차근차근 정리해 봐요. 어디서부터 문제가 시작된 건지 알아야 해결이 가능하니까요."

아빠의 파이팅 덕분이었을까? 넋이 반쯤 나간 나와 달리 가영이는 주먹을 불끈 쥐어 보이며 말했다.

"우리는 분명 구문소 근처에 있었어요. 그리고 제가 삼엽충 화석을 발견했죠. 오빠가 돌처럼 딱딱한 삼엽충 화석을 꾹 눌렀더니 믿기 어렵겠지만 고생대로 이동을 한 거예요. 제 생각엔 삼엽충이 고생대로 가는 문을 열어 준 거 같아요."

나는 가영이의 말에 어리둥절한 이 상황도 잊고 웃음을 터뜨릴 수 밖에 없었다.

"한가영, 영화를 너무 많이 본 거 아니야? 고생대로 가는 문을 열어 줬다고? 삼엽충이? 삼엽충이 타임머신 작동 버튼이라는 거야?"

나는 말도 안 되는 이 상황에 고개를 도리도리 흔들었다. 엇, 그런데 잠깐만. 삼엽충? 고생대? 타임머신? 꼬리에 꼬리를 물고 떠오른 생각이 있었다. 바로 첫 번째 미션이었다.

"혹시 다들 첫 번째 미션 기억나요? 돌로 만든 타임머신을 찾아라 말이에요."

다들 고개는 끄덕였지만, 이 상황에서 무슨 미션 타령이냐는 표정이었다.

나는 첫 번째 미션에 대한 힌트를 찾은 것 같았다. 확인이 필요했다.

"삼엽충이 고생대에 살았던 대표 생물이라면, 구문소에서 보았던 삼엽충 화석도 고생대에 만들어진 거겠죠?"

"그렇지."

삼촌이 고개를 끄덕이며 말했다.

"그럼 지층에 남아 있는 화석을 살펴보면 그 지층이 언제 만들어졌는지 알 수 있는 거네요?"

"그렇지. 지층이 만들어진 시대를 유추할 수 있지. 공룡은 중생대에만 살았던 생물이니까 공룡 화석이 발견되었다면, 이 지층은 중생대에 만들어졌다는 걸 알 수 있는 것처럼 말이야."

"삼엽충 화석이 발견되었다는 건 오래전 바다였다는 걸 알려 줄 수도 있겠네요."

"오! 맞아. 화석을 통해 과거의 환경도 유추할 수 있지. 삼엽충 화석이 발견되었다면 오래전 얕은 바다였겠구나 생각할 수 있고, 고사리 화석이 발견되었다면 습한 육지였겠구나 생각할 수도 있지. 고사리는 그런 환경에서 자라는 식물이니까."

나는 첫 번째 미션에 대한 답을 찾았다는 확신이 들었다.

저 답을 알 것 같아요.
돌로 만든 타임머신.
바로 화석이에요!

"이 지층이 언제 만들어진 건지 어떤 환경이었는지 비밀을 알려 주는 거잖아요. 마치 타임머신을 타고 간 것처럼 말이에요!"

"듣고 보니 그렇네! 오! 한가람 대단한데."

나는 어깨를 으쓱하며 별일 아니라는 듯한 표정을 지었다.

"와, 난데없이 고생대로 날아온 이 상황에서도 미션 생각이야? 우리 오빠 진~짜 과학 학원 가기 싫은가 보네."

가영이가 어이없다는 듯 나를 보며 헛웃음을 지었다.

예비 고생물학자가 되려면 이 정도의 집요한 집중력과 놀라운 추리력은 있어야 하지 않겠어? 여하튼 첫 번째 미션 클리어!

잘 나갈 유튜버의 캠핑 사이언스 최초의 고생물학자

1 안녕하세요! 구독자 여러분!
오늘은 '고생물학의 공주'라는 재미있는
별명을 가지고 있는 최초의 고생물학자
메리 애닝에 대해 소개해 드리려고 해요.
제 꿈이 고생물학자니까 곧 제 선배님이
되실 분이거든요.

2 메리 애닝은 영국 라임 레지스라는
마을에서 태어나고 자랐어요.
메리의 마을에는 쥐라기 해안이라고도 불렸던
화석으로 유명한 해변이 있었다고 해요.

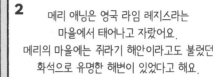

3 메리는 어렸을 때부터 아버지를 따라
해변가를 거닐며 화석을 수집했어요.
메리는 남들보다 예리한 눈을 가지고 있어서,
눈에 잘 띄지 않는 작은 화석, 조개껍데기,
뼛조각들까지 잘 찾아냈어요.

4 메리는 화석을 찾기 위해
가파른 절벽과 험한 산도 거침없이
기어올랐어요. 파도에 휩쓸려
죽을 뻔한 적도 있지만, 화석에
대한 메리의 열정을
막을 수 없었죠.

꿈속에서도 화석을
발견하는 꿈을 꿨대요.

5 어느 날 메리는 절벽에서
엄청나게 큰 뼈를 발견했어요.
길이가 무려 5m에 달해서 사람들은 그 뼈를
'메리의 괴물'이라고 불렀대요.

우아! 5m라고요?
정체가 뭘까요?
공룡이었나요?

6 과학자들과 지질학자들은
메리가 발견한 뼈의 정체를 밝히기 위해
오랜 시간 연구했어요. 그리고 그 뼈에
'어룡'이라는 이름을 붙였어요. 물고기 도마뱀이라는
뜻이에요. 메리의 발견 덕분에 사람들은 생물이
멸종할 수 있다는 것을 알게 되었죠.

7

익룡 화석

분화석

메리가
세계 최초로 발견한
화석은 또 있어요.
동물 똥 화석인
분화석과 하늘을 나는
파충류인 익룡도
발견했어요.

8 메리의 발견은 사람들이 과거를
잘 알도록 도움을 주었어요. 덕분에
고생물학이라는 학문이 자리 잡을 수 있었지요.
저도 계속 탐험하고 연구해서 고생물학자라는
제 꿈을 꼭 이룰 거에요!

고생물학

살아 있는 과학 일기 시상화석과 표준 화석

년 월 일 요일	

엄마는 화석을 통해 과거의 흔적을 찾아낼 수 있다고 했다. 즉, 고생물학자가 되기 위해서는 화석 공부가 필수다. 그래서 나는 화석을 공부해 보았다.

먼저, 화석은 오래전 그 지역이 어떠한 환경이었는지 알려 주는 비밀 열쇠다. 예를 들어, 우리 학교 운동장에서 산호 화석이 발견되었다면? '아하! 이곳은 옛날에 따뜻하고 얕은 바다였군.' 하고 알아차릴 수 있다. 산호는 따뜻하고 얕은 바다에서만 사는 생물이기 때문이다. 고사리도 마찬가지다. 고사리 화석을 발견하게 된다면, '아하! 이곳은 옛날에 따뜻하고 습기가 많은 육지였구나.'라고 말할 수 있다. 고사리는 지구 상에 제일 처음 나타났을 때부터 지금까지 언제나 따뜻하고 습기가 많은 땅에서 살고 있으니 말이다. 이렇게 지층 생성 당시의 환경과 기후를 알려 주는 화석을 '시상화석'이라고 한다.

또, 지층이 언제 생긴 것인지를 알려 주는 화석도 있다. 이러한 화석을 '표준 화석'이라고 한다. 우리 집 뒷산에서 공룡

화석이 나왔다면? 그 산은 중생대에 만들어졌다는 사실을
알 수 있다. 공룡은 중생대에만 살았기 때문이다. 고생대의
삼엽충, 필석, 갑주어, 중생대의 암모나이트, 공룡, 신생대의
화폐석, 매머드 등은 각 시대를 대표하는 표준 화석이다.

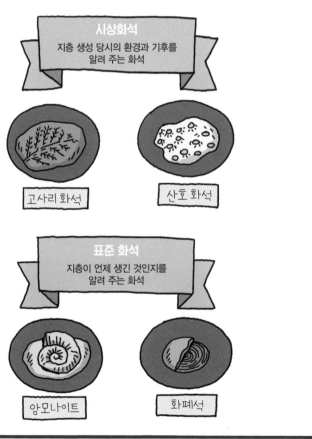

시상화석
지층 생성 당시의 환경과 기후를
알려 주는 화석

고사리 화석

산호 화석

표준 화석
지층이 언제 생긴 것인지를
알려 주는 화석

암모나이트

화폐석

깨끗한 물이 필요해

"아! 배고파! 다들 배고프지 않아요?"

삼촌이 핼쑥한 얼굴로 동의를 구하듯 묻자, 가영이는 큰 눈을 더 크게 뜨며 어이없다는 표정을 지었다.

"지금 이 상황에서 배고프다는 말이 나와요? 정말 삼촌 배 속에는 먹보 괴물이 살고 있는 게 분명해요."

"한가영! 나도 배고프다고! 초등학생 하루 권장 칼로리가 1800~2200kcal야. 그런데 우리가 오늘 먹은 거라곤 아침에 누룽지 조금이랑 사과 한 쪽이 전부잖아. 아부지! 이러다 한창 성장기의 대한민국 어린이가 쓰러질지도 모른다고요."

나의 오버스러운 몸짓과 표정에 다들 웃음을 터뜨렸다.

"언제 여기를 벗어날지 알 수 없으니까 물과 먹을 것은 좀 챙겨야 할 것 같아. 각자 배낭에 뭐가 있는지 살펴보자."

우리는 각자의 배낭에 있는 소지품을 탈탈 털어 한곳에 모았다. 배낭에는 넉넉하지는 않지만, 당분간은 버틸 만한 음식이 있었다.

물론 대부분의 먹거리는 내 배낭에서 쏟아져 나왔다.

"가람이 덕분에 사나흘은 충분히 버틸 수 있을 것 같은데?"

삼촌은 만족스러운 표정을 지으며 배낭에서 나온 물건들을 차근차근 정리했다. 그런데 눈앞에 먹을 것을 두고도 아빠의 표정이 심상치 않았다.

"물이 문제군. 식수가 부족할 것 같아."

나도 물이 매우 중요하다는 것쯤은 알고 있다. 물은 우리 몸의 70퍼센트를 차지하는 가장 중요한 영양소니까.

우리 몸에서 고작 2퍼센트 정도의 물이 빠져나가도 심하게 갈증을 느끼게 되고, 5퍼센트가 빠져나가면 의식을 잃을 수 있고, 12퍼센트 정도가 빠져나가면 목숨을 잃을 수도 있다. 그만큼 물은 생존의 필수 조건이라고 할 수 있다. 하지만 걱정할 필요가 없을 것 같았다.

"왜 물이 문제죠? 여기 물이 이렇게나 많은데요?"

나는 주변의 바다를 가리키며 고개를 갸우뚱했다. 우리는 바닷가 근처에 있었고 따라서 물은 차고 넘쳤기 때문이다.

"맞아. 좀 짜겠지만 바닷물 마시면 되는 거 아닌가요?"

항상 내 말에는 딴지부터 거는 가영이도 웬일로 내 의견에 동의했다.

"오우! 큰일 날 소리! 바닷물은 마시는 물로는 적당하지 않아."

아빠는 미간에 주름을 잔뜩 지은 채 검지를 좌우로 흔들었다.

"그럼 어떡하죠? 물을 마시지 못하면 몸 안에 노폐물이 쌓여 피부가 푸석해진다고요. 촉촉하고 투명한 피부 미인이 되기 위해선 하루 물 권장량을 마셔야 해요."

가영이는 본인의 볼을 감싸며 울상을 지었다. 가영이는 요즘 텀블러에 물을 담아 다니면서 물 마시기를 게을리하지 않았다. 아이돌처럼 예뻐지겠다며 부쩍 외모에 신경 쓰더니 뷰티 유튜브를 챙겨 보기 시작한 이후부터 생긴 습관이었다.

"하루 물 권장량? 그런 게 있구나. 그래서 가영이가 먹어야 할 물의 양이 얼만데?"

삼촌이 진심으로 궁금한 듯 물었다.

"자신의 키하고 몸무게를 더한 다음에 100으로 나누면 내가 하루에 먹어야 할 물 권장량이에요. 저는 키가 158cm이고 몸무게는 42kg이니까 둘을 더하면……."

나는 가영이의 말이 끝나기도 전에 웃음을 참지 못하고 터뜨렸다.

"푸흡. 한가영! 내가 너 키랑 몸무게 다 아는데. 키는 늘리고 몸무게는 줄인 거 아니야?"

내가 가영이의 키와 몸무게를 입 밖으로 꺼내려 하자 가영이는 나를 무섭게 노려보며 나와의 간격을 점점 좁혀 왔다. 앗! 분위기가 심상치 않다. 이럴 때 필요한 건 스피드! 가영이의 주먹이 꽤 강력하다는 걸 이미 경험한 나는 온 힘을 다해 가영이를 피해 달렸다.

"오빠 잡히기만 해! 가만 안 둬!"

가영이는 성난 사자처럼 나를 쫓고 또 쫓았다. 오늘 제대로 먹은 것도 없는데 저렇게 잘 달리는 비법은 뭘까? 결국 나는 멀리 도망가지 못하고 가영이에게 뒷덜미를 잡히고 말았다. 나는 포악한 사자에게 붙잡힌 초식 동물처럼 불쌍한 표정을 지으며 말했다.

"한, 한가영! 폭력은 아주 나쁜 거야. 알지?"

"아유! 힘들어. 너무 힘들어서 때릴 힘도 없네. 오빠 때문에 괜히 달려서 갈증만 나잖아. 안 되겠어. 바닷물이라도 마셔야겠어."

갈증을 참지 못한 가영이가 바닷가로 향하자 아빠가 다급하게 외쳤다.

"안 돼! 가영아, 목마르다고 바닷물을 벌컥벌컥 마셨다가는 바짝 마른 반건조 오징어가 될지도 모른다고!"

아빠는 마치 맥반석 위에서 바짝 굽고 있는 오징어라도 된 것처럼 팔과 다리를 비비 꼬면서 이야기했다.

"네? 바닷물을 먹는 게 뭐가 문제인데요?"

순간 바닷물을 떠먹으려던 가영이가 울상이 되어 물었다.

"아무리 목말라도 절대 바닷물을 먹으면 안 되는 이유! 이 시대 최고의 과학 유튜버는 알고 있나?"

아빠는 삼촌을 향해 근엄한 군인의 말투로 물었다. 삼촌은 이에 차렷 자세로 목청껏 큰 소리로 대답했다.

"네! 알고 있습니다. 바로 삼투 현상 때문입니다."

"빙고!"

아빠는 삼촌을 향해 엄지척을 날렸다.

우아! 삼촌은 역시 과학 유튜버다. 그동안은 미덥지 못했는데, 이번에는 꼭 구독, 좋아요, 알림 설정까지 눌러 줘야겠다.

"삼투 현상이 뭔데요?"

가영이가 아리송한 표정으로 삼촌을 향해 질문을 던졌다. 삼촌은 설명 대신 엉뚱한 이야기를 꺼냈다.

"얼마 전에 외할머니 댁에서 오이 피클 만들었던 적 있지?"

외할머니는 마당 한 편 작은 텃밭에 상추, 토마토, 가지 등을 키우신다. 그런데 올해는 오이 농사가 풍년이라 가족들과 함께 오이 피클을 만들었다. 아삭하고 새콤달콤한 오이 피클이 생각나자 나도 모르게 입에 침이 고였다.

"혹시 잘 숙성된 오이 피클 모양이 어땠는지 기억나니?"

"그럼요. 쭈글쭈글한 모양이잖아요. 음, 토마토 파스타 먹고 싶네요. 오이 피클과 환상의 조합인데. 아! 피자랑 먹어도 참 맛있지."

입맛을 다시는 나의 표정에 가영이는 고개를 저었다.

"이 와중에 파스타? 피자? 내가 졌다, 내가 졌어. 그러고 보니 이상해요. 원래 오이는 수분이 많고 탱글탱글하잖아요. 그런데 왜 오이 피클은 쭈글쭈글한 거지요?"

"그것이 바로 우리가 바닷물을 마실 수 없는 이유지! 스며들 삼(滲), 투과할 투(透), 삼투 현상 때문이거든."

자, 여기에 반투막을 경계로 농도가 다른 것이 보이지? 이렇게 농도가 다른 두 용액이 반투막을 사이에 두고 있을 때 농도가 낮은 곳에서 높은 곳으로 물이 이동하는 현상을 삼투 현상이라고 해.

삼촌은 손가락으로 바닥에 쓱쓱 그림을 그리며 설명을 덧붙였다.

"반투막? 처음 들어 봐요."

나는 알 듯 말 듯한 삼촌의 설명에 머리를 긁적였다.

"반투막이란 특정한 어떤 성분은 통과시키지만 다른 성분은 통과시키지 않는 막을 말해. 셀로판지가 대표적인 반투막이야. 우리 몸에도 반투막이 존재하지. 생물을 구성하는 기본 단위는 세포잖아. 세포는 세포막으로 둘러싸여 있는데 바로 이 세포막이 반투막 역할을 한다."

삼촌의 그림을 물끄러미 바라보던 가영이가 확신의 고갯짓을 했다.

"아! 알겠어요. 오이 피클은 설탕과 소금 그리고 식초가 들어간 물에 담가 만들잖아요. 수분이 많은 오이는 상대적으로 농도가 낮을 테니까 물이 세포막을 통과해 밖으로 빠져나가겠네요. 그래서 쭈글쭈글한 모양이 되는 거죠."

삼촌은 가영이를 향해 엄지척을 날렸다.

"정확해. 같은 원리로 우리가 짠 바닷물을 마시면 우리 몸속 세포에서 물이 빠져나오게 될 거야. 우리 몸은 늘 같은 농도를 유지하려는 성질이 있거든. 바닷물을 마셔 몸의 농도가 올라가면 세포 속에서 물이 빠져나와 농도를 낮추려 할 테니까 말이야. 그래서 바닷물을 마시면 마실수록 더 심한 갈증을 느끼고 결국에는 탈수 증상이 오고 말지. 심하면 생명에 위협이 될 수도 있고."

순간 온몸에 소름이 돋았다. 바닷물을 마시고 오징어처럼 바짝 말라 버린 흉측한 내 모습이 상상되었기 때문이다.

"그럼 어떡해요? 당장 마실 물이 부족한데요."

가영이가 울상을 지었다. 으으. 나도 가영이와 쫓고 쫓기는 추격전을 벌여서인지 시원한 물이 간절했다. 그때 아빠가 좋은 생각이

떠올랐는지 눈을 반짝이며 말했다.

"아, 맞다. 걱정하지 마. 바닷물은 소금과 물이 더해진 혼합물이잖니. 바닷물 속에 녹아 있는 소금과 물을 분리해 내면 되니까. 대한민국 특전사에게 불가능이란 없다! 어디 보자."

무슨 수로 바닷물에 있는 소금과 물을 따로따로 분리할 수 있다는 거지? 아빠는 아까 정리했던 먹거리 배낭을 뒤적이기 시작했다. 그러더니 곧 몇 가지 물건들을 꺼내고는 씩 미소를 지었다.

"이 정도면 충분해. 우리는 곧 깨끗한 물을 마실 수 있을 거야!"

1 안녕하십니까? 오늘은 극한 환경에서
살아남기 첫 번째 시간!
바로 <바닷물로 식수 만들기>입니다.
오늘 저의 파트너이자 바닷물로 식수 만들기의
달인 매형을 소개합니다.

안녕하세요.
반갑습니다.

2 구독자 여러분. 목이 말라도
절대 바닷물을 마시면 안 되는 건 알죠?
바닷물을 먹으면, 더 심한 갈증을 느끼고
결국에는 탈수 증상으로
큰 위험에 빠질 수도 있거든요.

큰 페트병
음료 캔
칼

3 자, 첫 번째
스텝부터
진행해
볼까요?

먼저 큰 페트병 바닥을
자르세요. 그다음 음료 캔의
윗부분도 잘라 냅니다.
칼을 사용할 때는 손 조심!
무엇보다 안전!
안전이 제일 중요하니까요!

4 이제 페트병 아랫부분을 안으로
쏙 접어 주세요. 그리고 아까 준비해 두었던
음료 캔에 바닷물을 채운 뒤 캔을
페트병 안으로 쏙 집어넣어 줍니다.

5

이제 햇볕에 두고 기다리기만 하면 끝이랍니다.

6

오호. 정말 짠맛이 나지 않아요!

오! 오오! 생겨요! 물이 생기고 있어요!

이것이 바로 증류를 이용한 바닷물 정수 장치랍니다. 물이 홈통에 모이면 호로록 마실 수 있죠.

7

바닷물에 녹아 있는 물질들을 '염분'이라고 해요. 바닷물에 태양 빛을 쪼이거나 끓이면 염분은 그대로 남고 물만 기화되어 수증기가 되지요. 이를 냉각시키면 순수한 물을 얻을 수 있어요.

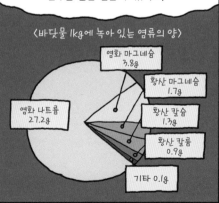

〈바닷물 1kg에 녹아 있는 염류의 양〉

염화 마그네슘 3.8g

황산 마그네슘 1.7g

황산 칼슘 1.3g

황산 칼륨 0.9g

염화 나트륨 27.2g

기타 0.1g

8

깨끗한 물을 구하기 어려울 때 딱이네요!

맞아요. 지하수를 얻기 힘든 섬이나 가뭄 지역, 바다를 운행하는 큰 선박 등에서 사용해요. 이를 해수 담수화 기술이라고 해요.

년 월 일 요일	

　정말 아찔한 하루였다. 아빠가 바닷물을 담수화해 주지 않았다면 물 한 모금 마시지 못하고 마른 오징어가 될 뻔했으니 말이다. 그동안은 수도꼭지만 틀면 깨끗한 물이 나오기 때문에 물 한잔의 소중함을 모르고 있었던 것 같다.

　바닷물을 담수화하는 방법에는 크게 두 가지가 있다. 첫 번째는 바닷물을 끓이는 방법이다. 바닷물을 끓이면 소금은 남고 물은 수증기가 되는데 이 수증기를 차가운 관에 통과시키면 수증기가 식어 다시 물이 된다. 쉽고 간편하게 순수한 물을 얻을 수 있지만, 바닷물을 끓여야 하기 때문에 연료가 필요하다.

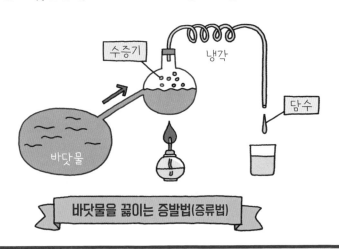

바닷물을 끓이는 증발법(증류법)

두 번째 방법은 바닷물을 거르는 것이다. 삼투 현상을 이용하는 역삼투법이라고도 한다. 커다란 통에 물 입자는 통과하고 소금 입자는 통과할 수 없는 반투과성 막을 설치한 뒤, 한쪽에는 바닷물을 한쪽에는 농도가 낮은 민물을 넣는다. 그러면 삼투 현상에 의해 민물에서 바닷물 쪽으로 물 입자가 이동하게 된다. 하지만 바닷물 쪽에 강한 압력을 가하면 정반대 현상이 일어나 삼투 현상과 반대로 바닷물 쪽에서 민물로 물 입자가 모이게 된다. 바닷물을 끓이는 방법보다 순수한 물을 얻기 어렵지만, 연료가 필요하지 않아 비용은 훨씬 적게 드는 게 장점이다.

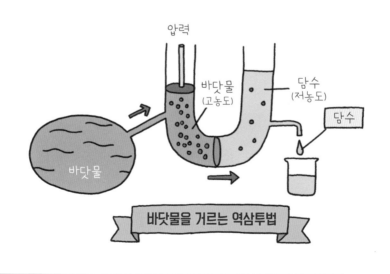

압력

바닷물
(고농도)

담수
(저농도)

담수

바닷물

바닷물을 거르는 역삼투법

동서남북 방향 찾기

다행히 식수는 구할 수 있었지만 넉넉했던 식량은 점점 바닥을 드러냈다. 어떻게 하면 다시 구문소 앞에 세워진 캠핑카로 돌아갈 수 있을지 고민해 보았지만, 아무리 생각해도 방법을 찾을 수 없었다.

"호랑이 굴에 들어가도 정신만 차리면 산다잖아요. 힘내서 방법을 찾아보자구요. 다들 이렇게 풀 죽어 있을 거예요?"

가영이가 씩씩하게 손뼉을 치며 파이팅을 외쳤지만, 축 처진 삼촌의 어깨는 좀처럼 올라올 생각이 없어 보였다. 급기야 우리 앞에서 울먹이기 시작했다.

"흑흑. 아무리 생각해도 돌아갈 방법이 없잖아. 이러다 나도 저 바다 밑을 기어 다니는 삼엽충처럼 언젠가 화석으로 발견되는 거 아닐까?"

삼촌은 나와 가영이 앞에서 창피하지도 않은지 콧물까지 흘리며 울음을 쏟아냈다.

"걱정 마요, 삼촌! 삼촌은 절대 화석이 될 수 없으니까요."

가영이가 삼촌의 어깨를 토닥였다. 누가 어른이고 아이인지 구분이 안 되는 상황이다.

"가영이 말이 맞아요. 지질 시대에 살았던 생물의 몸체나 흔적만이 화석이 되는 거니까요. 사람들이 역사를 기록한 이후에 남겨진 유해나 흔적은 화석이라고 하지 않잖아요. 따라서 인간인 삼촌은 화석이 될 수 없죠. 공룡 발자국은 화석이지만 삼촌 발자국은 화석이 될 수 없고, 매머드 똥은 화석이지만 삼촌 똥은 그저 냄새나는 똥일 뿐이에요."

"그야 나도 알아. 그냥 나는 너무 무서워. 집에 가고 싶다고."

"삼촌! 분명 돌아갈 방법이 있어요. 하늘이 무너져도 솟아날 구멍이 있다잖아요. 일단 우리 주변을 잘 관찰하면서 집으로 돌아갈 만한 단서가 있는지 찾아보도록 해요!"

가영이가 힘주어 말하자, 아빠는 특전사의 딸답게 파이팅이 넘친다며 흡족해했다. 가영이 덕분이었을까? 삼촌도 다행히 마음의 안정을 찾았다.

우리는 이곳을 빠져나갈 힌트를 찾기 위해 둘씩 짝을 지어 주변을 살펴보기로 했다. 나는 삼촌과 짝이 되었다. 간식을 몇 개 챙겨 떠나려는 찰나 가영이가 다급한 목소리로 우리를 불러 세웠다.

"잠깐만요! 이렇게 무작정 움직이다가 길을 잃거나 서로 엇갈려서 못 만나면 어떻게 하죠?"

역시 한가영! 엄마 딸 아니랄까 봐 철두철미하다. 고생대에서 자칫 길을 잃는다면? 생각만 해도 끔찍하다.

"마음이 급해서 미처 그 생각을 못 했네. 아무래도 방향을 서로 정하고 출발하는 게 좋겠어. 동서남북을 먼저 체크해야 할 텐데."

나는 아빠의 말이 끝나자마자 가방에서 잽싸게 핸드폰을 꺼내어 흔들어 보였다.

"핸드폰 나침반을 이용하면 방향 찾는 건 문제가 없습니다!"

이런 내 모습을 지켜보던 가영이가 어이없다는 듯 콧방귀를 끼었다.

"고생대에서 와이파이가 팡팡 잘 터지려나?"

앗! 그렇다. 여긴 고생대지! 최신 핸드폰도 고생대에서 아무런 소용이 없다는 걸 잊고 있었다.

아빠는 잠시 고민하는 듯하더니 삼촌이 정리해 두었던 배낭을 뒤지기 시작했다. 그리고 보물이라도 찾은 듯 환한 얼굴로 막대자석과 바늘을 꺼내 들었다.

"아빠. 그걸 가지고 뭘 하시려고요?"

내가 어리둥절하며 묻자, 아빠가 자신만만한 목소리로 대답했다.

"잠시만 빌릴게. 이것만 있으면 나침반을 만들 수 있거든."

나침반을 뚝딱 만들어 낼 수 있다고? 역시 특전사 출신의 우리 아빠는 못 하는 게 없다. 하지만 나침반을 만들겠다던 아빠는 막대자석에 바늘을 붙여 두고만 있을 뿐이었다.

"아빠! 시간이 없어요. 빨리 나침반을 만들어야죠?"

마음이 급한 내가 재촉하자 아빠는 손사래를 치며 말했다.

"누굴 닮아서 이렇게 성격이 급한 거니? 잠깐만 기다려 보라고. 나침반이 되려면 시간이 좀 필요하거든."

"이게 나침반을 만드는 과정이라고요? 너무 간단한 거 같은데요?"

나는 실망하며 물었다. 나침반을 만드는 과정이 뭔가 엄청나고 멋있을 거라 기대했던 탓이었다.

"다 이유가 있어. 바늘처럼 철로 만들어진 물질은 자석에 붙여 두기만 해도 자석의 성질을 그대로 닮게 되거든. 아! 그래. 좀 더 빨리 나침반을 만들고 싶다면 자석에 붙여 놓는 것보다는 문질러 주는 게 좋지. 단, 한 방향으로만 문질러 줘야 해."

아빠는 내게 직접 바늘을 문질러 보라며 자석을 건넸다. 나는 자석의 한쪽 극으로 바늘의 끝부분을 여러 번 문질렀다.

"음. 그 정도면 충분하겠어."

아빠는 바닷물을 정수하는 데 사용했던 페트병 뚜껑을 바닷물 위에 띄우고 그 위에 바늘을 살포시 놓았다. 그러자 놀랍게도 바늘이

나침반 바늘처럼 움직이기 시작하는 것이 아닌가?

"좋아! 이쪽이 북쪽이로군. 다들 각자 위치로!"

아빠는 확신에 찬 목소리로 외쳤다.

"우아! 아빠 최고예요!"

"매형은 정말 못 하는 게 없네요."

우리 모두 아빠를 향해 쌍따봉을 날렸다.

이렇게 멋있는 아빠의 모습을 엄마가 보았다면

좋았을 텐데. 그렇다면 아빠를 향한 엄마의

잔소리가 좀 줄어들 테니까 말이다.

나침반도 만들고 방향을 확인했으니 시간을 지체할 수 없었다. 한 시라도 빨리 캠핑카로 돌아갈 수 있는 방법을 찾아야 했다. 나는 삼촌과 함께 바다로 갔다.

"가람! 집중해야 해. 단서가 될 만한 건 모조리 찾는 거야!"

나는 삼촌 말에 따라 눈을 동그랗게 뜨고 바다 주변을 샅샅이 살피기 시작했다.

바닷속에는 삼엽충만 있는 게 아니었다. 책에서 보았던 최초의 물고기 갑주어도 있었다. 내가 알고 있는 물고기와는 달리 단단한 껍데기를 가지고 있어 무척이나 신기했다. 마치 물고기가 갑옷을 입고 있는 것 같았다.

"삼촌. 이 생물들은 어떻게 화석으로 남게 된 걸까요? 보통 생물이 죽으면 썩어서 없어지잖아요."

"그렇지. 생물이 죽으면 미생물이 죽은 생물의 몸을 분해해 버리니까. 몇 억 년이 지났는데도 화석으로 잘 보존이 되었다는 건 몇 가지 까다로운 조건을 만족시켰다는 이야기야."

화석이 될 수 있는 까다로운 조건? 분명 과학 학원에서 들었었던 내용인데……. 으이구, 수업 시간에 집중 좀 할걸!

"일단, 화석이 되려면 미생물을 막아 주는 방패가 있으면 좋아. 예를 들면 미생물에 의해 생물이 썩기 전에 흙과 같은 퇴적물에 덮이면 돼. 퇴적물이 방패가 되어 미생물의 작용을 최대한 막을 수 있고 다른 더 큰 동물들의 먹이가 되는 것도 막아 줄 테니까."

"미생물의 활동을 최대한 막아 썩지 않도록 하는 게 중요한 거로군요."

"그렇지. 혹시 얼마 전 캐나다 영구 동토층에서 아기 매머드 화석이 발견된 거 알고 있니? 약 3만 년 전쯤 살았을 거라고 추정된대. 매머드의 긴 코와 형태를 완벽하게 보존하고 있어서, 잔뜩 웅크리고 있는 모습이 화석이 아니라 낮잠을 자는 아기 매머드로 보일 정도였지."

"영구 동토층이라고 하면 엄청 추운 지역 아닌가요? 1년 내내 꽁꽁 얼어 있는 땅요. 그렇다면 미생물도 꽁꽁 얼어 버리겠는데요?"

"맞아. 그나마 살아 있는 미생물도 너무 추워 활동이 느릴 수밖에 없지. 그래서 매머드의 몸이 썩지 않고 화석으로 보존될 수 있었던 거야. 또 화석이 되기 위해 필요한 조건이 있을까?"

"몸에 뼈나 껍질 같은 단단한 부분이 있어야 할 것 같아요. 여기 갑옷처럼 단단한 껍질을 가진 갑주어처럼 말이죠. 너무 부드러운 부분은 금방 미생물에 의해 썩어 없어져 버리고 말테니까요."

"역시! 하나를 가르치면 열을 아는군. 나의 조카가 고생물학자가 되겠다는 게 허풍은 아닌데?"

삼촌의 칭찬에 나의 어깨가 쭉 올라갔다.

단단한 부분이 있어도, 퇴적물에 의해 빨리 묻혀도 죽은 생물이 화석이 되는 것 무척 어렵다고 할 수 있어. 그러니까 확률을 높여야 해. 단 몇 마리라도 화석으로 남으려면 그 생물의 수가 많으면 많을수록 좋지. 그래서 추운 지역보다는 생물의 수도 많고 종류도 다양한 따뜻한 지역에서 화석이 더 잘 만들어진단다.

"삼촌, 잘 만들어진 화석도 결국 사람 눈에 보여야 화석으로 가치를 인정받는 거 아닌가요? 우리 눈에 보이지 않는 화석이 무슨 의미가 있겠어요."

"오, 예리한걸. 화석이 땅 밖으로 잘 드러나 사람들 눈에 띄는 것도 중요하지. 한 가지 더! 화석이 지각 변동을 받아 깨지거나 땅속에 묻혀 있는 동안 뜨거운 열이나 압력을 받으면 안 돼. 그럼 화석이 온전한 상태로 발견될 수 없을 테니까."

"오우! 화석으로 남는 것은 정말 쉬운 일이 아니네요. 왠지 화석은 비쌀 것 같은데요?"

 "맞아. 무지하게 비싸지. 지난 2020년 미국에서
티라노사우르스 공룡 화석이 무려 368억 원에 팔렸거든."

 나는 눈이 휘둥그레졌다. 화석이 그렇게나 비싸다고?

 "삼촌! 이러고 있을 때가 아니에요. 빨리 돌아가서 삼엽충 화석을
발굴해야겠어요. 화석이 이렇게 비싼지 미처 몰랐네!"

 "오우, 노노! 가람아, 화석은 문화재야. 함부로 캐내거나 사고파는
건 안 되는 일이지."

 나는 나도 모르게 입을 삐죽 내밀며 실망한 표정을 짓고 말았다.

"화석 팔아서 뭐 하려고? 뭐 사 먹으려고? 아휴, 빨리 돌아갈 방법이나 찾자고! 나 진짜 우리 엄마가 너무 보고 싶어!"

삼촌이 엄마를 아니 그러니까 외할머니를 애타게 찾자 나도 우리 엄마가 너무 보고 싶어졌다. 오늘따라 엄마의 잔소리마저 그리워질 지경이었다.

주머니에서 핸드폰을 꺼내 들었다. 당연히 핸드폰 신호는 잡히지 않았다. 나는 핸드폰 사진첩을 열어 엄마의 모습을 찾기 시작했다. 사진 속에서 나를 향해 다정하게 웃고 있는 엄마의 모습을 보니 왈칵 눈물이 쏟아질 것 같았다.

'힝. 엄마 보고 싶어.'

그리운 마음을 엄마도 느꼈던 걸까? 말도 안 되는 일이 벌어졌다. 엄마로부터 메시지가 온 것이다. 고생대에서 핸드폰이 터지다니! 나는 재빠르게 엄마 메시지를 확인했다.

미래에 고생물학자가 될 우리 아들 한가람!
지금쯤 첫 번째 미션은 해결했겠지?
서프라이즈 타임머신 여행이 마음에 들었으면
좋겠네. 미션을 다 해결하기 전까지는 집으로
돌아올 수 없을 테니 우리 아들 힘내!

엄마의 메시지를 확인한 나는 너무 놀라 눈물이 쏙 들어가고 말았다. 서프라이즈 타임머신? 엄마는 분명 우리가 고생대 여행을 하고 있다는 걸 알고 있다. 그렇다면 우리가 이곳에 온 게 다 엄마의 계획이었다는 걸까? 미션을 해결하지 못하면 집에 돌아올 수 없다니……. 우리가 집에 돌아가려면 결국 두 번째 미션을 해결해야 한다는 이야기인데……. 머리가 뒤죽박죽 복잡했다.

깔 나갈 유튜버의 캠핑 사이언스 나침반

1 으앗! 여기가 아닌가? 아무래도 길을 잘못 찾은 것 같은데….

2 아하핫! 구독자 여러분은 우리 동네 최고의 길치인 한가람 군이 또 길을 잃고 헤매는 현장을 함께하고 계십니다.

분명 여기로 가면 길이 나와야 하거든요? 아우, 헷갈리네!

3 가람아, 왜 당황하고 그래? 휴대폰만 있으면 길 찾는데 전혀 문제가 없잖니. 휴대폰도 내비게이션도 없던 옛날에는 어떻게 길을 찾았는지 몰라.

지도

4 그야, 나침반으로 동서남북을 찾지요. 그런데 나침반의 N극은 왜 항상 북쪽을 가리키는 건가요?

5 가람이와 같은 궁금증을 가지고 있던 사람이 있었어. 바로 자기학의 아버지로 불리는 영국의 물리학자 길버트지. 길버트는 여러 실험을 통해 지구가 커다란 자석이라는 걸 발견했어. 지구의 북쪽은 S극, 남극은 N극의 성질을 가지고 있다는 걸 알게 된 거지.

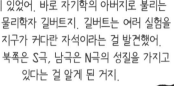

6 아하! 그래서 나침반의 N극이 지구의 S극 성질에 끌려 북쪽을 가리키는 거로군요. 그런데 오늘처럼 나침반이 없는 상황이라면 어떡하죠?

7 그럴 땐 당황하지 말고 나침반을 만들면 돼. 나침반 만들기는 생각보다 쉽고 간단해. 자, 먼저 바늘과 같은 철로 된 물체를 준비해. 철로 된 물체는 자석에 붙여 놓으면 일시적으로 자석의 성질을 가지게 되는 특징이 있거든.

8 바늘 끝에 막대자석의 N극을 붙여 두거나 살살 문지르면 바늘 끝은 S극이 되고 반대쪽은 N극이 되지. 극을 알 수 있도록 잘 표기해 둔 다음 우드록 조각이나 페트병 뚜껑을 물 위에 조심스럽게 띄우고 바늘을 올리면 나침반 완성!

년 월 일 요일	☼ ☁ ☂ ☃

화석은 영어로 fossil이다. 이 단어는 라틴어 fossilis에서 유래되었다고 한다. fossilis의 뜻은 땅속에서 파낸 기묘한 물체라는 뜻인데 오래전에는 땅속에서 나오는 모든 희귀한 물질을 화석이라고 불렀다고 한다. 화석은 만들어지는 방법에 따라 몰드와 캐스트로 나눌 수 있다.

조개가 진흙에 파묻히면 물컹물컹한 진흙 위로 조개 자국이 그대로 남는다. 그런데 진흙 위 조개에 지하수가 스며들면 조개는 딱딱한 껍데기가 있지만 녹거나 부서져 흔적도 없이 사라지게 된다. 하지만 가리비 조개가 있던 자리는 빈 공간이 되어 조개 자국이 그대로 드러나는 화석이 만들어지는데 이를 '몰드'라고 한다.

이때 빈 공간에 자갈이나 모래와 같은 다른 퇴적물들이 채워져 굳게 되면, 조개가 남긴 자국 그대로 볼록한 조개 모양이 찍힌다. 이렇게 빈 공간에 퇴적물이 들어가 만들어지는 화석은 '캐스트'라고 한다.

몰드와 캐스트 만들기

준비물 : 지점토(혹은 찰흙), 조개껍데기(혹은 내가
좋아하는 피규어), 알지네이트 가루, 물, 나
무젓가락, 종이컵

1. 평평한 지점토 위에 조개껍데기(혹은 만들고
   싶은 화석 모형)를 자국이 잘 남도록 꾹 눌러
   준다.

2. 모형을 떼어 내면 지점토에 조개껍데기 모
   양이 남는다. 이것이 바로 몰드!

3. 종이컵에 알지네이트 가루를 넣고 물을 조
   금씩 넣으면서 젓가락으로 잘 섞어 준다. 알
   지네이트 3g에는 물 10ml가 적당하다. 조개
   껍데기 모양이 남아 있는 지점토 위에 조개
   껍데기 모양 자국이 모두 덮이도록 알지네
   이트 반죽을 붓는다.

4. 알지네이트가 다 굳으면 조심스럽게 지점
   토에서 떼어 내면 조개껍데기의 모양이 찍
   혀 나온다. 이것이 바로 캐스트!

대멸종에서 탈출하기

"우리 조카님도 엄마가 몹시 보고 싶은 모양이네?"

혼란스러운 엄마의 문자를 받고 생각에 잠겨 있는 나의 머리를 삼촌이 쓰다듬으며 말했다.

"삼촌 그게 아니라……."

"녀석! 말 안 해도 다 알아. 조카 마음을 삼촌이 몰라주면 누가 아니?"

한국말은 끝까지 들어 봐야 하는 법인데. 삼촌은 내 말을 싹둑 자르고선 알 수 없는 노래를 부르며 배낭을 뒤적거렸다.

"짜증 날 땐 짜장면, 우울할 땐 울면, 복잡할 땐 볶음밥, 엄마가 보고 싶을 땐? 짜잔! 바로 가람이가 좋아하는 치즈!"

삼촌이 가방에서 꺼낸 건 내가 제일 좋아하는 간식 중에 하나. 바로 구워 먹는 치즈였다.

"가람이 최애 간식이잖아. 기분이 엉망진창일 땐 맛있는 걸 먹는 거야. 그럼 기분이 좀 나아지니깐."

사랑합니다, 삼촌! 역시 조카 마음 알아주는 건 삼촌뿐이군요! 마침 타이밍에 딱 맞춰서 배에서 꼬르륵 소리도 들려왔다. 나는 말랑말랑 쫀득쫀득 치즈 구이를 먹을 생각에 들떠 입에 침이 잔뜩 고였다. 그런데 문제가 있다.

"삼촌. 이거는 구워 먹어야 하는 거예요. 불이 있어야 하는데……."

"흠. 그래? 그럼 구워 먹으면 되지."

삼촌은 별일 아니라는 듯 말했다. 그런데 고생대에서 무슨 수로 불을 구할 수 있단 말인가.

"여긴 가스레인지도 버너도 없잖아요. 설마 원시인처럼 나무를 비벼서 불을 지필 생각은 아니죠?"

"뭐 불가능한 건 아니야. 하지만 나무를 비비다 불이 붙기도 전에 내가 먼저 기진맥진해서 쓰러질지도 몰라."

"그럼 어떻게 불을 붙이려고요?"

"이 삼촌이 또 누구니? 비록 현재 구독자 수는 얼마 안 되지만 언젠가는 잘 나갈 과학 유튜버 아니겠어? 음, 아까 구문소에서 암석 관찰할 때 사용했던 돋보기 가지고 왔지?"

삼촌은 종이와 화장지를 잘게 찢어 한곳에 모으며 말했다. 갑자기 불 붙이는 이야기를 하다 말고 돋보기를 찾는 삼촌을 이해할 수 없었지만 나는 배낭에서 얼른 돋보기를 꺼내어 건넸다.

"돋보기는 볼록 렌즈로 만들거든. 볼록 렌즈는 빛을 한곳으로 모으는 성질이 있단다. 이렇게 불쏘시개에 돋보기를 비추면……."

삼촌은 잘게 찢어 둔 종이와 화장지 더미 위로 돋보기를 비추면서 이리저리 각도를 조절했다. 그러자 쨍쨍한 햇빛이 돋보기를 통과하면서 한 점으로 모이는 것이 아니겠는가?

"우아! 신기해요. 그런데 이렇게 빛을 모은다고 해서 불이 붙을까요?"

나는 치즈 구이를 먹지 못할까 봐 애가 타는 마음으로 물었다.

"단순히 빛만 모이는 게 아니야. 빛이 가지고 있는 에너지도 한 점으로 모이지. 이렇게 에너지가 모여서 발화점 이상의 온도까지 올려 주면 불이 붙겠지. 좀 시간이 걸리긴 하겠지만."

지금 필요한 건 간절함과 인내심이었다. 나는 부디 불이 화르륵 붙기를 간절히 기도하면서 참고 기다렸다. 입에 침이 잔뜩 고여 갈 때쯤, 드디어 하늘이 나의 간절한 기도를 들어주었다.

화장지 더미가 그을리는 것 같더니 자그마한 불씨가 타올랐다.

"오오. 삼촌 불이 붙어요. 붙어!"

나는 너무 신나 발을 동동 구르며 치즈를 굽기 시작했다. 그리고 노릇노릇 구워진 치즈 구이를 삼촌 한 입, 나 한 입 사이좋게 나눠 먹었다. 마지막 한 입을 입에 딱 넣는 순간이었다.

엄청난 굉음이 온 하늘을 뒤덮었다.

"앗! 깜짝이야! 폭탄 터지는 소리 아니에요?"

하늘과 땅이 흔들릴 정도의 엄청난 굉음에 나는 귀를 틀어막으며 소리쳤다.

"고생대에 무슨 폭탄이야? 아무래도 분위기가 심상치 않아. 서둘러야 해!"

삼촌의 말처럼 서 있기 힘들 정도로 땅이 흔들리기 시작했고 근처 숲에서는 불꽃이 일기 시작했다. 멀리서 아빠와 가영이가 우리를 향해 달려오는 모습이 눈에 들어왔다.

"무슨 일이죠? 지진인가요?"

"자, 모두 내 말 잘 들어. 빨리 여기를 벗어나는 게 좋을 것 같구나. 단순한 지진이 아닌 것 같아!"

대한민국 특전사는 그 어떠한 상황에도 놀라거나 당황하지 않는다고 생각했는데 아빠의 표정이 몹시 심각해 보였다.

"지진이 아니면 뭔데요?"

"아무래도 고생대 말 대멸종 시기 같아."

이게 무슨 말이람? 겁에 질린 나는 다리가 너무 후들거려서 서 있기조차 힘들었다.

멸종은 지구에서 항상 벌어지는 일이다. 기후 변화로 인해 환경이 변하거나 생태계가 파괴되는 경우 이에 적응하지 못한 생물은 살아남지 못하기 마련이니까 말이다. 현재도 전 세계 많은 동물이 이미 멸종 위기에 놓여 있다. 판다나 반달가슴곰, 수달, 담비 등은 곧 지구에서 사라질지도 모르는 멸종 위기 동물이다. 그런데 단순한 멸종이 아니라 대, 멸, 종이라니!

"아빠! 알기 쉽게 설명해 주세요. 이게 무슨 상황인지!"

난데없이 고생대 여행을 하게 되었는데도 침착하던 가영이 역시 이 난리통에는 결국 목소리를 높였다. 그때 커다란 암석 덩어리가 어디선가 날아와 바다 위로 떨어지자, 바닷속 삼엽충들이 물 밖으로 다 튕겨 나왔다.

"말 그대로야. 거대한 멸종! 대멸종은 아주 짧은 시간에 지구상의 생물 대부분이 사라지는 큰 사건이라고 할 수 있어. 지구가 탄생한 이래로 지금까지 모두 다섯 번의 대멸종이 있었지."

"세상에나! 다섯 번이나요?"

"그중에서 고생대 마지막 시기에서 중생대로 넘어가는 약 2억 5,000만 년 전에 일어난 대멸종은 정말 어마어마했어. 전체 생물의 96%가 멸종됐거든. 아무래도 지금이 그 시기인 듯하구나."

나와 가영이는 너무 놀라 입이 떡 벌어졌다. 96%면 생물 대부분이 사라졌다는 뜻이니까. 도대체 무슨 일이 있었길래 수많은 생물이 지구에서 멸종한 걸까?

다행히도 땅의 진동이 조금씩 잦아드는 것 같더니 흔들림이 잠시 멈추었다. 나는 다리에 힘이 풀려 자리에 털썩 주저앉고 말았다. 모두 넋이 나간 표정이었다.

"일단 저기 근처 보이는 동굴로 몸을 피하자! 그러고 나서 어떻게 하는 게 좋을지 생각하는 게 좋겠어."

우리는 아빠가 가리킨 가까운 동굴로 재빠르게 뛰었다. 하지만 선뜻 동굴 안으로 들어갈 엄두가 나지 않았다. 동굴 안이 너무 깜깜했기 때문이다.

"으앗! 너무 어두워서 아무것도 보이지 않아요. 호랑이라도 나타나면 어떡해요?"

"한가영! 정신 차려! 지금은 고생대라고. 고생대에 호랑이가 있을 리가 없잖아. 일단 들어가서 몸을 피해야 한다고."

가영이와 삼촌이 옥신각신하는 사이 나는 노란 주머니에서 헤드랜턴을 꺼내 들었다. 역시 어머니는 선견지명이 있으시군요! 엄마의 선물이 이렇게 유용하게 쓰일 줄이야. 헤드랜턴 덕분에 동굴 안 칠흑 같은 어둠이 사라졌다.

동굴은 크지 않았지만, 위험으로부터 몸을 잠시 피하기에는 충분했고 아늑했다. 우리는 동굴 벽에 몸을 기대고 앉아 갑작스러운 상황에 놀란 마음을 진정시켰다.

"휴. 이제 조금 심장이 정상으로 돌아온 거 같아요. 아까는 심장이 너무 쿵쾅거렸거든요. 그런데 대멸종은 왜 일어난 건가요? 그래야 우리도 대책을 세울 수 있잖아요."

내가 놀란 가슴을 쓸어내리며 궁금증을 쏟아냈다. 그러자 아빠는 질문에 대한 대답 대신 나와 가영이 방에 사이좋게 걸려 있는 세계 지도가 어떤 모습인지 기억나냐고 물었다.

"네. 세계 지도에는 다섯 개의 큰 바다가 있어요. 태평양, 대서양, 인도양, 북극해, 남극해요. 그리고 아시아, 유럽, 아프리카, 북아메리카, 남아메리카, 오세아니아까지 여섯 개의 큰 대륙이 있죠."

쳇! 가영이가 재빠르게 내가 대답할 타이밍을 빼앗아 갔다.

"맞아! 지구는 다섯 개의 큰 바다와 여섯 개의 대륙으로 이루어져 있어. 그래서 5대양 6대주라고 부르기도 하지. 하지만 고생대 말 세계 지도의 모습은 지금과는 아주 많이 달랐어. 지구상의 거의 모든 대륙이 하나로 모여 엄청나게 큰 초대륙을 만들고 있었거든. 엄청난 하나의 대륙을 판게아(Pangea)라고 해. '모든 땅덩어리'라는 뜻이지."

모든 땅덩어리가 하나로 붙어 있었다고? 그렇다면 해외여행을 가기 위해서 비행기를 타거나 배를 탈 필요가 없었겠구나! 유럽이나 아프리카 어디든 걸어서 여행할 수 있을 테니까 말이다.

　"판게아는 지구 내부의 강한 힘에 의해 서서히 분리되기 시작했어. 대륙끼리 이동하면서 부딪히기도 하고 어긋나기도 하면서 거대한 화산 폭발이 발생했지. 이때 흘러나온 용암의 양이 지구 전체를 7~10m 두께로 덮을 정도였다는구나."

　우아! 그 정도로 큰 화산 폭발은 상상해 본 적이 없었다.

"문제는 흘러나온 용암만이 아니었어. 화산 가스의 양도 엄청났지. 화산 가스 대부분은 수증기이긴 하나 이산화탄소의 양도 엄청나거든."

이산화탄소? 우리도 지금 숨 쉬면서 이산화탄소를 내뱉고 있는데 왜 이산화탄소가 문제가 되는 거지? 아빠가 나의 마음을 꿰뚫어 봤는지 바로 말을 이어 나갔다.

"이산화탄소는 온실 효과를 일으키는 대표적인 기체야. 워낙 많은 양의 이산화탄소가 온실 효과를 일으킨 탓에 지구의 평균 기온이 지금보다 6℃나 높아졌단다. 결국 변화된 환경에 적응하지 못한 생물 대부분이 멸종되고 말았지. 이 멸종 시기가 고생대와 다음에 이어질 중생대를 구분하는 기준이 된 거란다."

나는 아빠의 설명에 푹 빠져들고 말았다. 나는 아빠를 향해 폭풍 질문을 쏟아냈다.

"정말 엄청난 일이 일어난 거로군요. 그럼 현재 공룡을 볼 수 없는 것도 대멸종 때문인가요? 공룡은 중생대를 대표하는 동물이었잖아요."

"맞아. 중생대 말은 공룡의 천국이었어. 우리나라에도 공룡들로 발 디딜 틈이 없었지. 전남 해남, 경남 고성 등지에서 공룡의 뼈와 알, 발자국 화석이 잇달아 발견되고 있거든. 그런데 중생대 말 끔찍한 일이 벌어지면서 이 땅 위의 공룡들이 모조리 멸종하고 말았어."

아이코! 대멸종만 없었다면 동물원에서 내가 좋아하는 공룡들을 만날 수 있지 않았을까? 나는 아쉬움에 계속해서 질문을 이어 나갔다.

"중생대 끝에는 어떤 일이 있었던 거죠? 이번에도 화산이 폭발한 건가요?"

"과학자들은 중생대 말에 공룡을 비롯한 수많은 생물이 멸종한 원인을 여러 가지로 이야기하고 있어. 하지만 그중에서 가장 강력한 원인으로는 커다란 운석이 지구에 충돌한 사건을 꼽고 있지."

"영화에서나 보았던 이야기인데 실제로 지구에 운석이 떨어졌다고요? 상상만 해도 너무 무시무시한데요?"

"맞아. 운석 파편들이 지구를 뒤덮고 태양을 가려 버렸거든."

"태양을 가려 버린다고요? 태양을 가리면 식물들이 햇빛을 보지 못하겠네요. 그럼 식물들이 시들시들 죽어 버릴 테고, 식물을 먹고 사는 초식 공룡도 점점 그 수가 줄어들겠죠. 그럼 이번에는 초식 공룡을 먹고 사는 육식 공룡들도 먹이가 없어 결국 죽고 말겠네요. 으악! 꼬리에 꼬리를 물고 계속해서 멸종이 일어나는 거네!"

"그뿐만이 아니야. 운석 충돌의 영향을 받아 화산 활동도 무척 활발하게 일어났거든. 그다음은 말 안 해도 알겠지?"

나와 가영이는 무시무시한 공포 영화라도 본 듯이 얼굴을 잔뜩 찡그리고는 고개를 끄떡였다. 그때 삼촌이 머리를 긁적이며 혼란스러운 표정으로 물었다.

"매형. 지금이 고생대 말 대멸종 시기라면 말이죠. 곧 대부분의 생물이 지구에서 사라질 거라는 말이고……. 그렇다면 우리도 위험, 아니 멸종할 수도 있다는 거 아닌가요?"

삼촌의 말이 끝나기가 무섭게 동굴 내부가 흔들리기 시작했다. 점점 진동이 커지더니 동굴 입구 쪽 천장이 무너져 내리기 시작했다.

"동굴 입구가 막히면 큰일인데!"

아빠의 날카로운 외침에 우리는 우왕좌왕 어찌할 바를 몰라 허둥대기 시작했고 가영이는 결국 울음을 터뜨렸다.

나는 후회가 밀려왔다. 괜히 내가 고생물학자가 되고 싶다고 해서 이 고생을 하고 있구나. 하지만 정신을 똑바로 차려야 한다. 이렇게 고생대에서 삼엽충과 함께 멸종되고 싶은 마음은 절대 없으니까 말이다.

'침착해! 한가람. 위기 상황에도 침착하면 문제를 해결할 수 있다는 말도 있잖아. 분명 고생대로 여행을 시작했으면 끝낼 방법도 있을 거야!'

나는 심호흡을 하며 찬찬히 생각을 정리하기 시작했다.

'우리가 고생대 여행을 시작한 건 내가 삼엽충 화석을 누르면서부터였어. 첫 번째 미션의 정답인 돌로 만든 타임머신 화석이 고생대로

우리를 안내한 거지. 첫 번째 미션이 고생대로 들어가는 문을 열어 준 거라면 두 번째 미션이 고생대를 나가는 문을 열어 주는 게 아닐까?'

땅의 흔들림은 더 강해지고 있었다. 시간이 없었다. 동굴을 빠져 나가려고 하는 가족들을 위해 나는 큰 소리로 외쳤다.

"잠깐만요! 두 번째 미션에 답이 있을 것 같아요!"

"오빠는 이 와중에 무슨 미션 타령이야! 다 죽게 생겼는데!"

가영이는 몹시 흥분한 상태였지만 나는 침착하게 노란 주머니 속 정체를 알 수 없는 낡은 상자와 열쇠를 꺼내 들었다.

"첫 번째 미션이 고생대로 들어오는 문이었다면, 두 번째 미션이 고생대를 나가는 문일 거예요. 이 열쇠가 비밀의 열쇠, 이 낡은 상자 가 시간의 문이지 않을까 하는 생각이 들어요."

"가람이 추론이 일리가 있네. 지금 우리가 딱히 할 수 있는 것도 없으니 미션대로 차근차근 열쇠를 맞혀 보자! 따뜻하고 얕은 바다 위에부터!"

아빠는 서둘러 낡은 상자를 들었다.

"음, 따뜻하고 얕은 바다는 주로 산호가 살기 좋은 곳이잖아요."

어느샌가 가영이는 눈물을 닦고 씩씩하게 대답했다. 나는 가영이 의 말을 듣고 산호 화석이 그려진 열쇠를 첫 번째 구멍에 놓고 돌렸 다. 찰칵하며 금속끼리 부딪치는 소리가 났다.

"좋아. 그럼 다음 세 갈래로 구분되는 벌레는 무엇일까?"

"석 삼, 갈래 엽, 벌레 충. 삼엽충을 뜻하는 말이네. 세 갈래로 나누어지는 벌레."

아빠는 삼엽충 화석이 그려진 열쇠를 두 번째 구멍에 넣고 돌렸다.

뒤이어 나는 고사리 화석이 그려진 열쇠를 집어 들고 세 번째 구멍에 맞춰 끼었다.

"고사리는 따뜻하고 습한 육지에 사니까요. 자, 그럼 마지막. 무시

무시한 도마뱀?"

"이건 공룡을 의미하는 거야. 그리스어 Deinos(끔찍한)와 Sauros
(도마뱀)를 합쳐 dinosaur(공룡)라는 단어가 만들어진 거니까."

삼촌이 공룡이 그려진 마지막 열쇠를 네 번째 구멍에 넣고 돌렸다.

그러자 상자 뚜껑 위에 붙어 있던 시계의 시침과 분침이 움직임을
뚝 멈추었다. 그러더니 갑자기 엄청나게 빠른 속도로 시침과 분침
이 엉켜 마구 돌아가기 시작했다. 우리는 집으로 돌아갈 수 있을까?
나는 마음을 다해 간절히 기도했다.

잘 나갈 유튜버의 캠핑 사이언스 지층의 순서

1 구독자 여러분. 드디어 어린이 골든벨 마지막 문제입니다! 최후의 1인에게는 슈퍼울트라캡숑나이스짱 어마어마한 선물이 준비되어 있다는 사실 알고 있죠? 자, 심호흡 한 번 하시고요. 바로 문제 나갑니다!

제1회
어린이 골든벨

2 지층은 지구의 역사책이라고 하죠. 지구 지층이 생겨난 순서를 알면 지구가 겪어 온 변화를 시간순으로 밝혀낼 수 있으니까 말이죠. 어린이 골든벨 마지막 문제는 지층이 생성된 순서를 정확하게 나열하는 문제입니다.

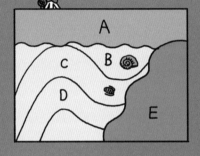

3 네, 한가람군. 상당히 재빠르군요. 정답은요?

정답은
D-C-B-E-A
입니다.

4 오! 한가람 군. 이유를 설명해 줄 수 있을까요?

지각 변동을 받지 않으면 지층은 순서대로 쌓여요. 즉 아래쪽 지층이 위쪽 지층보다 먼저 만들어진 거지요. 케이크를 만든다고 상상해 볼게요. 케이크 시트 위에 생크림을 바른 뒤 케이크 시트를 올리고 또 생크림을 바르는 것과 같아요.

5 화석을 비교해도 순서를 알아낼 수 있어요. C층에는 삼엽충 화석이, B층에는 암모나이트 화석이 있어요. 삼엽충은 고생대, 암모나이트 화석은 중생대 화석이니 삼엽충이 발견된 지층이 먼저 생긴 지층이라는 걸 알 수 있죠.

세상에나! 또 먹는 이야기라니

6 그렇군요. 그런데 D-C-B층은 왜 이렇게 구불구불한 모양일까요?

앗! 그건 D-C-B 지층이 만들어진 뒤에 지구 안에서 누르는 힘이 발생해 휘어진 거예요. E층은 마그마가 지층을 뚫고 들어와 만들어진 거고요. 마그마는 식으면 화성암이 되거든요.

7 그리고 D-C-B-E와 A층 사이가 다르게 보이는 건 이건 D-C-B-E와 A층 사이에 오랜 시간 간격이 있다는 것을 의미해요. 먼저 만들어져 있던 D-C-B-E층이 물과 바람 등으로 깎여 편평해진 뒤 그 위에 다시 지층이 쌓인 거죠. 이걸 부정합이라고 해요.

A

C B

D

E

8 설명까지 완벽한데요! 정답입니다! 어린이 골든벨 최후의 1인으로 선정된 한가람 군 축하합니다! 앞으로 나와 골든벨을 울려 주세요!

ㄷ땡

년 월 일 요일	

볼록 렌즈는 이름 그대로 볼록하다. 가운데 부분이 두껍고 볼록 튀어나왔다. 할아버지가 책을 보실 때 사용하시는 안경도 내가 암석을 관찰하거나 식물을 자세히 관찰할 때 사용하는 돋보기도 모두 볼록 렌즈로 만들어졌다. 볼록 렌즈로 물체를 보면 물체가 크게 보이게 만들어 주기 때문이다.

그런데 오늘 볼록 렌즈에 또 다른 능력이 있다는 걸 알았다. 바로 빛을 한 점으로 모아 준다는 것이다. 볼록 렌즈의 능력 덕분에 오늘 말랑말랑 맛있고 쫀득한 치즈 구이를 먹을 수 있었다.

그런데 왜 볼록 렌즈는 햇빛을 모을 수 있는 것일까? 그건 바로 빛이 굴절하는 성질을 가지고 있기 때문이다. 빛은 렌즈의 두께에 따라 굴절하는 정도가 다른데 상대적으로 두꺼운 쪽으로 꺾여 나가게 된다. 그래서 볼록 렌즈의 가운데 쪽으로 빛이 모이게 되는 것이다. 빛이 모인 한 점에 빛이 가진 에너지도 모이게 되기 때문에 발화점 이상의 온도로 올라갈 정도의 에너지가 모이면 불이 발생하게 되는 것이다.

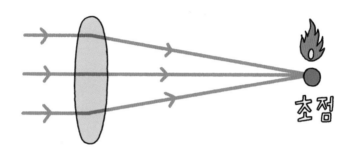

초점

　볼록 렌즈로 간단하게 불을 만들 수 있다는 게 너무너무 신기
하지만, 볼록 렌즈로 불을 붙이는 건 매우 조심해야 한다. 불장
난하면 자다가 오줌을 쌀 수도 있고 무엇보다 잠깐 방심하는
사이 큰불을 낼 수도 있기 때문이다. 자나 깨나 불조심! 너도
나도 불조심! 잊지 말자.

에필로그

다음번엔 중생대 어때?

쿵쿵. 어디선가 익숙한 냄새가 풍긴다. 이건 계란에 파 듬뿍 넣은 분명 ○○라면 중간 맛의 냄새다. 우왓! 외할머니표 파김치 냄새도 나는 것 같다. 그렇다면? 나는 돌아온 것이 분명하다. 현실 세계로! 나는 눈을 번쩍 떴다.

"우아! 그렇게 일어나라고 해도 꿈쩍 않더니 라면 냄새에는 벌떡 일어나는구나!"

삼촌은 코펠에서 끓고 있는 라면을 휘휘 저으며 말했다.

"이거 꿈 아니죠? 우리 돌아온 거 맞아요?"

"내가 볼이라도 꼬집어 줄까? 가람이가 두 번째 미션을 해결하지 못했다면 우리는 고생대에서 삼엽충이나 잡아먹으면서 평생을 살았을지도 모를 일이지."

아빠의 말에 나와 가영이는 웩 소리를 내뱉었다. 오 마이 갓! 삼엽충을 먹다니요!

"삼엽충 말고 라면이나 먹자고요!"

삼촌은 라면이 퍼지기 전에 빨리 먹어야 한다며 김이 모락모락 나는 막 끓인 라면을 냄비 그대로 간이 식탁에 올렸다. 오랜만에 맡는 라면 냄새에 기분이 좋아졌다.

"오빠 아니었으면 이 맛있는 라면을 다시는 먹을 수 없었겠지? 고마워."

가영이가 후식으로 과일을 내오며 슬쩍 내게 말을 건넸다. 매번 나를 놀리고 구박하더니만 드디어 이 오빠를 인정해 주는구나! 가영이의 갑작스러운 칭찬에 나는 어깨가 으쓱했다.

"맞아, 가람이 아니었으면 우리는 삼엽충과 같이 멸종했을지도 몰라. 다 조카 덕분이야. 그런데 지금 생각해

보니 좀 아쉽네. 고생대 여행을 하는 건 정말 흔치 않은 기회인데 말이야. 삼엽충과 좀 더 신나게 놀다 왔어야 했는데 말이지."

"에이, 삼촌. 외할머니 보고 싶다고 엉엉 운 건 벌써 잊었나 봐요?"

"흠, 무슨 소리! 내가 엄마 보고 싶다고 울 나이는 아니지 않니?"

삼촌은 손사래를 치며 시치미를 뚝 떼었다. 하긴, 조카들 앞에서 울보 삼촌으로 불리고 싶지는 않겠지. 나는 삼촌의 자존심을 지켜 주기로 했다.

"삼촌. 삼엽충 이야기가 나와서 말인데요. 삼엽충은 고생대를 대표하는 화석이라고 했잖아요. 그럼 삼엽충보다 더 오래전에 만들어진 화석은 없나요?"

"오, 우리 가람이 질문이 날이 갈수록 수준이 높아지는데? 물론 삼엽충보다 오래된 화석도 존재해. 지금까지 발견된 화석 중에 가장 오래된 화석은 스트로마톨라이트야. 나이가 약 35억 년 정도 되었지."

"35억 년 전에 만들어진 화석이라니! 그런데 이름이 뭐라고요? 스트? 스트라이크요?"

"으이구, 스트로마톨라이트!"

가영이가 못 말리겠다는 듯이 고개를 저었다.

"스트로마톨라이트는 먼 옛날 바다에 살던 남세균이 만들어 낸 화석이야. 남세균은 세포 하나로만 이루어진 단세포 생물인데 지구상

스트로마톨라이트는 단세포 원시 미생물인 남세균 위에 작은 퇴적물 알갱이가 겹겹이 쌓여 만들어진 거야.

에 나타난 최초의 생명체라 할 수 있지.”

"오호, 아무것도 없던 세상에 최초로 등장한 생명체라니. 뭔가 멋있는데요?"

"최초의 생명체답게 멋진 일도 했어. 바로 광합성을 했거든.”

"광합성이라고 하면 물과 이산화탄소, 그리고 햇빛을 이용해 영양분과 산소를 만들어 내는 일 아닌가요? 지금도 식물들이 하는 일인데 그게 왜 멋진 일이라는 거죠?"

가영이가 이해가 안 된다는 듯이 고개를 갸우뚱했다.

"당시 지구 공기에는 산소가 없었거든. 남세균이 광합성을 통해 산소가 없던 원시 지구에 산소를 공급해 준 거지. 덕분에 지구에 산소 호흡을 하는 다양한 생명체들이 등장할 수 있었단다."

남세균 덕분에 지구에 산소가 공급되었다니! 나는 배를 부풀리며 깊게 숨을 들이마셨다. 맑고 깨끗한 공기가 내 폐를 가득 채우는 느낌이었다.

"그리고 또 한 가지. 남세균이 스트로마톨라이트를 만들지 않았다면 선캄브리아 시대의 흔적을 찾기가 더 어려웠을지도 몰라. 스트로마톨라이트는 선캄브리아 시대의 거의 유일한 화석이라고 볼 수 있거든."

"선캄브리아 시대요? 역시나 이름이 어렵네요. 무슨 이름을 이렇게 어렵게 짓는 거람?"

"으휴, 투덜이!"

삼촌의 이야기에 집중하던 가영이가 말을 끊지 말라며 나의 어깨를 툭 쳤다.

"선캄브리아 시대는 지구가 탄생한 약 46억 년 전부터 고생대 전 5억 4000만 년 이전까지의 시기를 말해. 지질 시대 전체의 약 8분의 7을 차지하는 긴 기간이지."

"엥? 그럼 발견되는 화석이 많아야 하는 거 아닌가요? 길고 긴 기간이니까요."

가영이가 두 눈을 반짝이며 물었다.

"반은 맞고 반은 틀려. 지질 시대 대부분을 차지하는 긴 시간인 건 맞지만 발견되는 화석은 매우 적거든."

가영이가 아리송한 표정을 짓자 나는 그 사이를 놓치지 않았다.

"한가영! 그 이유는 미래의 고생물학자가 될 오빠 님께서 설명해 주겠다. 흠흠."

내가 팔짱을 끼며 자신 있는 표정을 짓자 삼촌은 웃음을 터뜨렸다.

"선캄브리아 시대에 화석이 적은 이유는 아마도 화석이 만들어질 수 있는 까다로운 조건을 만족시키지 못했기 때문이야."

"오오, 한가람! 정답! 가람이 말대로 화석을 만들 수 있는 조건이 충분하지 못했어. 단단한 골격을 가진 생물이 적었고 아무래도 너무 오래전 시기이다 보니 오랫동안 지각 변동을 계속해서 받아 왔기 때문에 온전한 화석을 발견하기 힘들 수밖에 없지. 그래서 선캄브리아 시대에 대해서는 알 수 있는 게 많지 않아."

"그렇게나 긴 시간인데 알 수 있는 게 많지 않다니 아쉽네요. 정말 화석은 과거를 알 수 있는 중요한 열쇠로군요."

"맞아. 그래서 지질 시대를 크게 화석이 매우 드문 은생 누대, 전체적으로 화석이 많이 발견되는 현생 누대로 구분지어 설명하곤 한단다. 선캄브리아 시대는 은생 누대이고, 고생대, 중생대, 신생대는 현생 누대에 해당되겠지?"

"누대요? 처음 들어보는 말인걸요?"

"누대란 지질 시대를 구분하는 시간 단위야. 발견되는 화석을 기본으로 하여 누대(eon), 대(era), 기(period) 등의 단위로 구분하는 거지. 누대는 지질 시대를 구분하는 가장 큰 단위라고 보면 돼."

"아! 그럼 누대를 다시 여러 개의 대로 나누고 대를 다시 여러 개의 기로 나누는 거로군요."

"그렇지. 지층 속에 남아 있는 화석들을 통해 당시 환경과 생물의 특성을 기준으로 구분하는 거야. 가람이, 가영이는 고생대, 중생대, 신생대의 의미는 알고 있을까?"

"물론이죠. 옛 고(古), 가운데 중(中), 새로운 신(新) 아닌가요? 가운데 생(生)은 생물할 때 생이고요."

"이야! 한가영 한문 천재!"

나는 가영이를 향해 엄지척을 날렸다.

"그럼 고생대는 오래된 생물 시대, 중생대는 중간 생물 시대, 신생대는 새로운 생물 시대라는 뜻이겠네요. 그런데 기(period) 이름은 어떻게 지어진 건가요?"

"쥐라기, 백악기 이름이 독특하지? 그 시대를 대표하는 암석이 주로 발견된 지역의 이름, 또는 그곳에 살던 부족의 이름을 따서 붙였어. 예를 들면 고생대의 가장 오래된 지층은 영국의 웨일스 지역에서 처음으로 발견되었는데 웨일스의 로마 시대 당시 이름이 캄브라

대	기
고생대	캄브리아기
	오르도비스기
	실루리아기
	데본기
	석탄기
	페름기
중생대	트라이아스기
	쥐라기
	백악기
신생대	팔레오기
	네오기
	제4기

누대
은생 누대(선캄브리아 시대)
현생 누대

이였다고 해. 그래서 캄브라이기라고 이름을 붙였지. 고생대의 오르도비스기와 실루리아기는 옛 영국의 부족인 오르도비스족과 실루르족에서 따온 거야. 중생대의 쥐라기는 스위스와 프랑스 경계에 있는 쥐라산맥에서 이름을 따왔고 중생대의 맨 마지막 시기인 백악기는 공룡들이 뛰어놀던 프랑스 에트르타 해안의 백악 절벽에서 유래되었단다.”

“우아! 재미있는데요. 삼촌은 어떻게 이런 걸 다 알고 있어요?”

“과학 유튜버라면 이 정도는 기본 아니겠니? 삼촌 꽤 수준 있는 유튜버라고!”

삼촌은 가영이와 나의 칭찬에 기분이 좋은 듯 지질 시대에 관한 재미있는 이야기를 계속해서 쏟아냈다.

어느덧 산 너머로 해가 지기 시작했다. 우리는 이번 캠핑의 마무리를 아쉬워했다.

“오빠. 아직도 고생물학자가 되고 싶다는 꿈은 변함없어?”

가영이의 말에 나는 고민 없이 고개를 끄덕였다. 고생대 여행을 했으니 다음에는 중생대에서 공룡을 만나고 싶고 신생대에서 매머드를 만나고 싶다고 이야기했다.

“으악, 오빠! 그런 말 하지 마! 육식 공룡은 우리를 잡아먹을 수도 있다고!”

"에휴! 말도 마. 가람이 영화도 안 봤니? 스피노사우르스나 메가
랍토르 공룡이 어떻게 사냥하는지 몰라? 끔찍하다고!"

다들 고개를 절레절레 흔들었다. 그때 휴대폰이 울렸다. 엄마의
메시지였다.

한가람! 우리 아들!
고생대 여행은 즐거웠니? 고생물학자가
되기 위한 첫걸음을 내디딘 걸 축하해!
이제 다음은 중생대로 가야겠지?
우리나라가 옛날에는 공룡들의 놀이터였거든.
다음 캠핑 기대해!

엄마의 문자를 확인한 순간 다들 사색이 되었다. 역시 우리 어머
니! 이것이야말로 살아 있는 과학 체험 아니겠어요?

한탄강 세계지질공원

경기도 포천시 영북면 비둘기낭길 55

◆

한탄강 세계지질공원은 우리나라 최초로 강을 중심으로 형성된 지질공원입니다. 한탄강 일부 지역은 약 54~12만 년 전 화산 폭발로 인해 형성되었는데 그 당시 흐른 용암으로 인해 현무암 절벽과 주상절리, 베개용암 등 내륙에서 보기 힘든 화산 지형이 잘 보존되어 있어 지질학적 가치가 매우 높은 곳입니다. 특히, 한탄강의 주상절리는 강을 사이에 두고 양옆으로 도열하듯 늘어서 있는데 전형적인 6각형의 주상절리는 물론 3각형, 5각형, 8각형 등 다양한 생김새로 멋진 풍경을 선사한답니다.

태백 구문소

강원도 태백시 동점동 498-123

◆

구문소라는 이름은 '굴이 있는 연못'이라는 뜻입니다. 산을 뚫고 흐르는 시내라고 하여 '뚜루내'라고도 하며, 옛 문헌에는 구멍 뚫린 하천이라는 뜻의 천천(穿川)으로 기록되어 있다고 합니다. 구문소 주변은 고생대 당시 바다였던 것으로 알려져 있습니다. 고생대 당시 만들어진 다양한 퇴적 구조와 삼엽충 등 옛 생물 화석을 관찰할 수 있어 지질 과학 체험 현장으로서의 가치가 높습니다. 구문소 옆에는 태백고생대자연사박물관이 자리하고 있어 고생대 역사 공부를 재미나게 할 수 있답니다.

철암삼 화석 산지

경상북도 영덕군 병곡면 백석리

◆

우리나라에서는 드물게 약 2300만 년 전(신생대)의 굴, 가리비 화석이 잘 발견된다는 점 때문에 '화석 등산로'라 불리며, 체험과 학습의 장으로 활용되고 있습니다. 산 정상에 얹혀 있는 거대한 둥근 바위인 솥바위에 바다 생물의 화석이 발견되고 있다는 점을 볼 때, 이 바위는 과거 동해 바다 속에 있었다가 오랜 시간을 거쳐 솟아올라 마침내는 산꼭대기까지 올라가게 되었다는 사실을 알 수 있습니다.

산꼭대기에 굴 화석이 있다니!

신성리 공룡 발자국

경상북도 청송군 안덕면 신성리 206

◆

퇴적암으로 이루어진 신성리 일대는 약 1억 년 전(중생대 백악기) 건조한 환경의 수심이 얕은 호숫가였다고 알려져 있습니다. 주변 숲에 살고 있던 공룡들은 물이 부족해지자 호숫가를 찾아와 약 400여 개의 발자국을 남겼고, 일부가 화석으로 남게 되었습니다. 이러한 신성리 공룡 발자국 화석 산지는 2003년 태풍 매미가 일으킨 산사태로 암석층이 미끄러지면서 우리에게 모습을 드러냈습니다.

이게 다 공룡 발자국이라고!

고성 상족암 군립공원

경상남도 고성군 하이면 덕명5길 42-23

◆

상족암 군립공원 일대는 1억 5000만 년 전 공룡의 서식지로 중생대 백악기 공룡의 발자국이 잘 보존되어 있습니다. 해안가 퇴적층에서 총 450여 개 발자국 보행 열과 3800여 개 공룡 발자국이 발견되면서 세계적인 공룡 발자국 화석 산지로 꼽힙니다. 공룡 발자국과 더불어 지질의 퇴적 구조, 공룡의 생활상, 진화 과정 등을 살펴볼 수 있어 학술 가치가 높습니다. 상족암 군립공원 내에는 국내 최초로 건립한 고성 공룡박물관이 자리하고 있습니다. 공룡의 실제 골격과 고성에서 발견된 발자국 화석, 고대 생물 화석 등이 전시되어 있어 공룡을 좋아하는 아이들이 상상력을 충족시켜 준답니다.

변산반도 채석강

전라북도 부안군 변산면 격포리

◆

전라북도 부안군 변산반도에 1.5킬로미터 가까이 펼쳐진 바위 절벽과 바다를 채석강이라 합니다. 바다지만 강으로 불리는 이유는 아름다운 경치가 중국의 채석강과 그 모습이 흡사하여 붙여졌다고 합니다. 채석강은 수천 수만 권의 책을 차곡차곡 포개 놓은 듯한 퇴적암층으로 이루어졌습니다. 역암 위에 역암과 사암, 사암과 이암의 교대층, 셰일, 화산회가 층층이 지층을 이루고 있는데, 이런 퇴적 환경은 과거 이곳이 깊은 호수였고, 호수 밑바닥에 화산 분출물이 퇴적되었다는 것을 짐작해 볼 수 있습니다. 또한 채석강에서는 교과서에서 볼 수 있는 단층과 습곡, 관입 구조, 파식대 등도 쉽게 관찰할 수 있답니다.

멋진 지층을 잘
보존해야겠어!

한눈에 보는 지질 시대 연대표

연대 (억 년 전)	대	기	무슨 일이 있었나요?	대표 화석
	신생대	제4기	인류의 조상이 나타났어요.	화폐석, 매머드
		네오기	포유류가 다양해졌어요.	
		팔레오기	속씨식물이 번성 했어요.	
0.66	중생대	백악기	속씨식물이 나타났어요.	암모나이트, 공룡
		쥐라기	공룡, 익룡 등 거대한 파충류가 번성했어요.	
		트라이아스기	공룡과 포유류의 초기 조상이 등장했어요.	
2.52	고생대	페름기	은행나무와 같은 겉씨식물이 처음으로 등장했어요. 대륙의 형성과 큰 기후 변화로 페름기 말 많은 생물이 멸종하고 말았지요.	삼엽충, 갑주어, 방추충
		석탄기	파충류가 나타나고 양치식물이 번성했어요.	
		데본기	물과 땅을 오가며 사는 양서류가 처음으로 등장했어요.	
		실루리아기	오존층이 해로운 자외선을 막아 주면서 육지에서도 식물이 자라나기 시작했어요.	
		오르도비스기	해양 연체동물이 폭발적으로 증가했어요.	
		캄브리아기	무척추동물이 번성했어요. 고생대를 대표하는 삼엽충 등장했어요.	
5.39 45.67		선캄브리아 시대	최초의 생명체인 박테리아가 나타났어요. 대기 중에 산소가 대량으로 방출되었어요.	스트로마톨라이트

이미지 제공

51쪽 화강암, 현무암, 역암, 대리암 : 셔터스톡
121쪽 스트로마톨라이트 : 셔터스톡
129쪽 한탄강 세계지질공원 : 포천아트밸리
130쪽 태백 구문소 : 태백시
131쪽 칠암산 화석 산지 : 경북 동해안 지질공원
132쪽 신성리 공룡 발자국 : 성이와 순이의 세상 유람
133쪽 고성 상족암 군립공원 : 상족암군립공원사업소
134쪽 변산반도 채석강 : 주이숙
128쪽~135쪽 배경 사진 : 셔터스톡

캠핑카 사이언스 지층과 화석 편

1판 1쇄 발행일 2025년 2월 1일

글 장치은 그림 조승연 감수 이정모
펴낸곳 (주)도서출판 북멘토 펴낸이 김태완
부대표 이은아 편집 김경란, 조정우 디자인 행복한물고기, 안상준
마케팅 강보람 경영기획 이재희
출판등록 제6-800호(2006. 6. 13.)
주소 03990 서울시 마포구 월드컵북로 6길 69(연남동 567-11) IK빌딩 3층
전화 02-332-4885 팩스 02-6021-4885

🌐 bookmentorbooks.co.kr   ✉ bookmentorbooks@hanmail.net
📷 bookmentorbooks__   🅱 blog.naver.com/bookmentorbook

ⓒ 장치은 · 조승연, 2025

ISBN 978-89-6319-629-9 74450
     978-89-6319-568-1 74400(세트)